高等职业教育“十三五”规划教材
中国高等职业技术教育研究会推荐
高等职业教育精品课程

机械制图习题集

魏祥武　夏　爽　主编

国防工業出版社
·北京·

图书在版编目(CIP)数据

机械制图习题集/魏祥武,夏爽主编. —北京:
国防工业出版社,2017.3
高等职业教育"十三五"规划教材
ISBN 978-7-118-11360-0

Ⅰ.①机… Ⅱ.①魏… ②夏… Ⅲ.①机械制图—高
等职业教育—习题集 Ⅳ.①TH126—44

中国版本图书馆CIP数据核字(2017)第108924号

※

国防工业出版社出版发行
(北京市海淀区紫竹院南路23号 邮政编码100048)
腾飞印务有限公司印刷
新华书店经售

*

开本 787×1092 1/8 **印张** 8 **字数** 204千字
2017年3月第1版第1次印刷 **印数** 1—4000册 **定价** 28.00元

(本书如有印装错误,我社负责调换)

国防书店:(010)88540777 发行邮购:(010)88540776
发行传真:(010)88540755 发行业务:(010)88540717

内容简介

本书是《机械制图》(魏祥武、夏爽主编)的配套习题集,根据高职高专机类及近机类"机械制图"课程的教学要求,并结合近几年各院校职业技术教育经验及教改实践编写而成。本书主要内容制图的基本知识、正投影基础、基本几何体的投影、立体的表面交线、轴测投影、组合体的三视图、机件的表达方法、常用机件的特殊表达、零件图、装配图、其他工程图样简介。

本书保留了经典的制图习题,所有作图、填空、选择、读图练习都是在本页预留处及空白页上完成,不再保留板图练习的内容。本书编排上由浅入深,由易到难,符合教学规律,有利于培养学生学习兴趣和信心。

《机械制图习题集》编委会

主　编　魏祥武　夏　爽

副主编　丁　韧　韩海玲　陈茂丛

参　编　王　梅　李东和　胡晓燕　马　刚　李　靖　孙文毅

主　审　李滨慧

前　言

本书是根据教育部最新制定的《高职高专教育工程制图教学基本要求》，以及编者在总结多年的教学改革经验的基础上编写而成的。

本书具有以下特点：

(1) 在编排顺序和内容上与配套教材相对应，便于使用。

(2) 编排上由浅入深，由易到难，符合教学规律。

(3) 书中除安排画图外，大部分为读图训练题，目的是更好地提高学生的空间形体构思和表达能力。

(4) 基本上做到每堂课后均有对应的练习题，使教师在讲完基本知识后，学生有题可练，及时消化、巩固课堂所学内容。

(5) 重点章节习题数量和难度均有一定的选择余地，可满足不同学时、不同专业、不同学生的需要，便于教师因材施教。

本书由魏祥武、夏爽任主编，丁韧、韩海玲、陈茂丛任副主编，魏祥武统稿，参加编写工作的还有王梅、李东和、胡晓燕、马刚、李靖、孙文毅。李滨慧任主审，并提出了许多宝贵的意见和建议，在此表示衷心感谢。

由于编者水平有限，加之时间仓促，本书不当之处在所难免，敬请各位专家、学者读者批评指正。

编者

目　录

1.1　字体和线型综合练习	班级：	姓名：	学号：	01

1. 字体练习。

机械制图三视轴测基本零部件装配

公差与配合尺寸形位螺纹齿轮等件

点线面基本体组合体机件表达法一般类零件常用件零件及装配图

基孔制基轴制孔内径零件图装配图公差与配合尺寸线尺寸界终端

a b c d e f g h i j k l m n o p q r s t u v w x y z 0 1 2 3 4 5 6 7 8 9

a b c d e f g h i j k l m n o p q r s t u v w x y z 0 1 2 3 4 5 6 7 8 9

ABCDEFGHIJKLMNOPQRSTUVWXYZ Ⅰ Ⅱ Ⅲ Ⅳ Ⅴ Ⅵ Ⅶ Ⅷ Ⅸ Ⅹ

A B C D E F G H I J K L M N O P Q R S T U V W X Y Z Ⅰ Ⅱ Ⅲ Ⅳ Ⅴ Ⅵ Ⅶ Ⅷ Ⅸ Ⅹ

2. 抄画图形中各种图线。

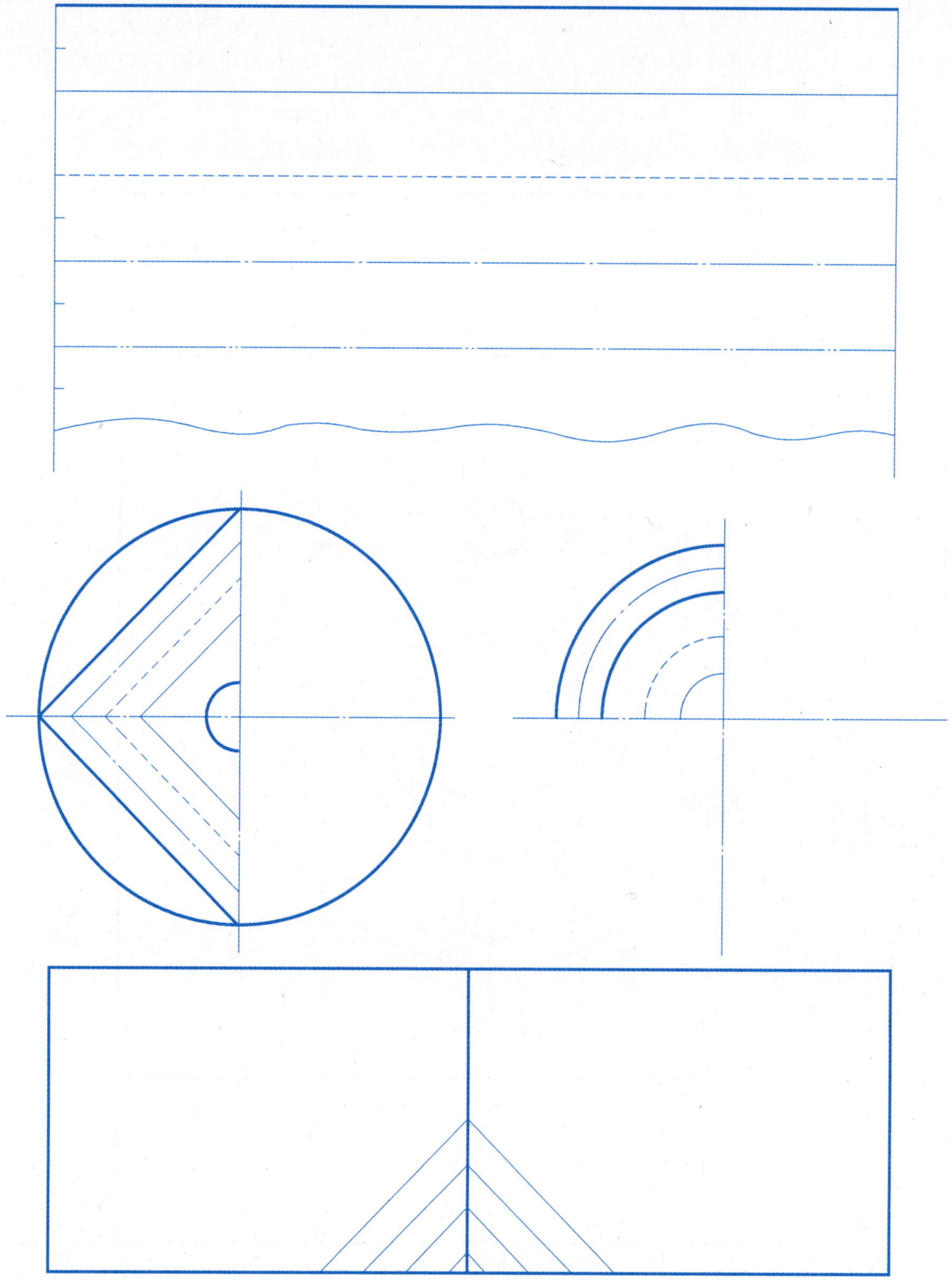

1.2 线型综合练习

班级：	姓名：	学号：	02

一、线型练习指导

(一) 作业目的

1. 掌握主要线型的规格和画法。
2. 熟习绘图工具的正确使用。

(二) 内容与要求

1. 在右侧空白处布置图形的基本位置。
2. 按图例要求，用 1∶1 比例，绘制各种图线。
3. 绘制完成后的图形不注尺寸。

二、绘图步骤

1. 画底稿(用 2H 铅笔或 H 铅笔)

(1) 按图例所注的尺寸，从图纸有效幅面的中心处(以右侧空白处边框对角线的交点)开始。

(2) 从中心出发，由里向外绘制该图形。

(3) 校对底稿，擦去多余的图线。

2. 加深(用 B 铅笔或 2B 铅笔)

(1) 加深粗实线圆、虚线圆和点画线圆。

(2) 按照由上至下、由左至右的顺序，依次加深水平和垂直方向的直线。

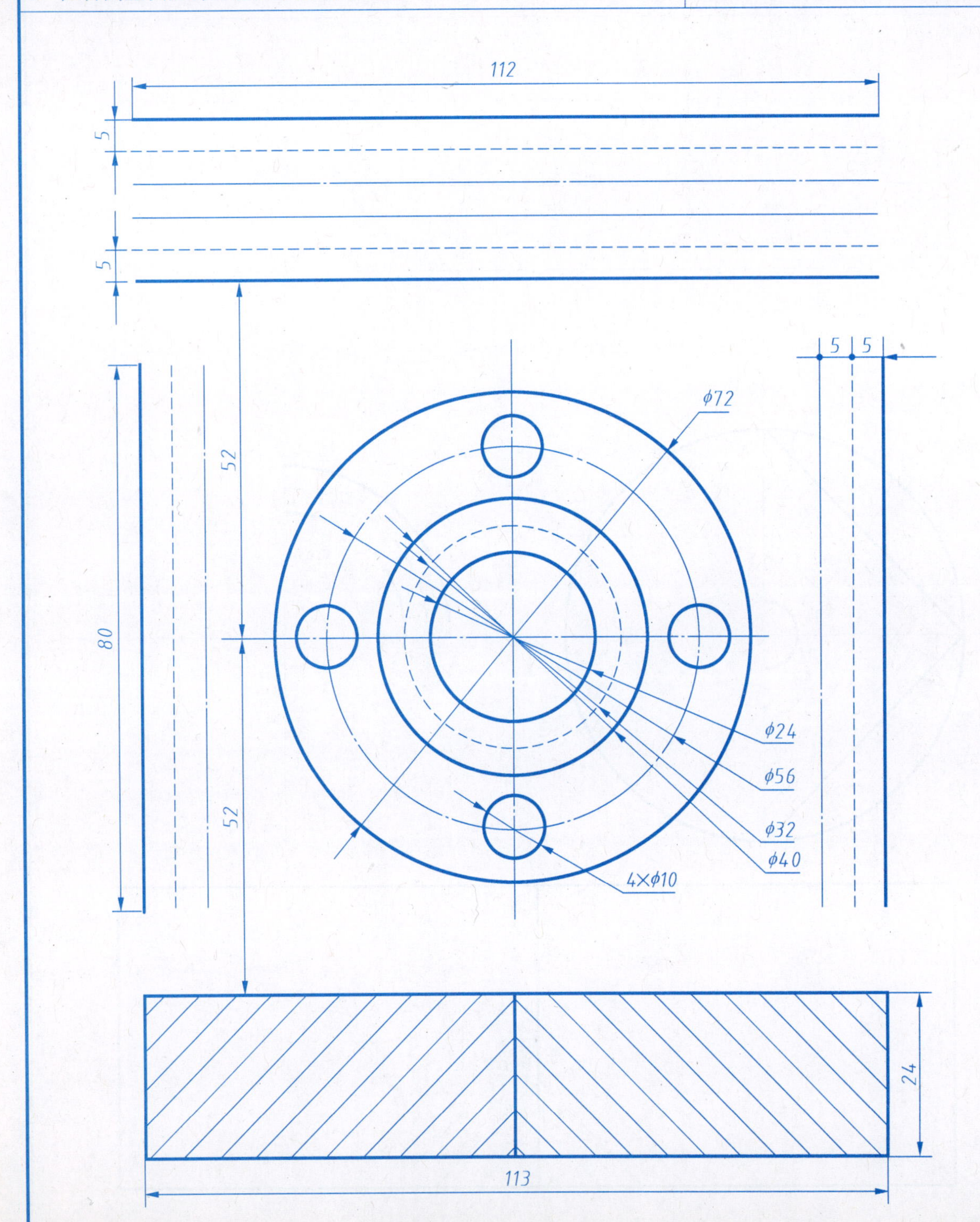

1.3 尺寸标注练习	班级：	姓名：	学号：	03

1. 在图中填写未注的尺寸数字和补画遗漏的箭头，其数字大小及箭头的形状、大小以图中标注出的数字和箭头为准，尺寸数值按 1 : 1 比例量取整数。

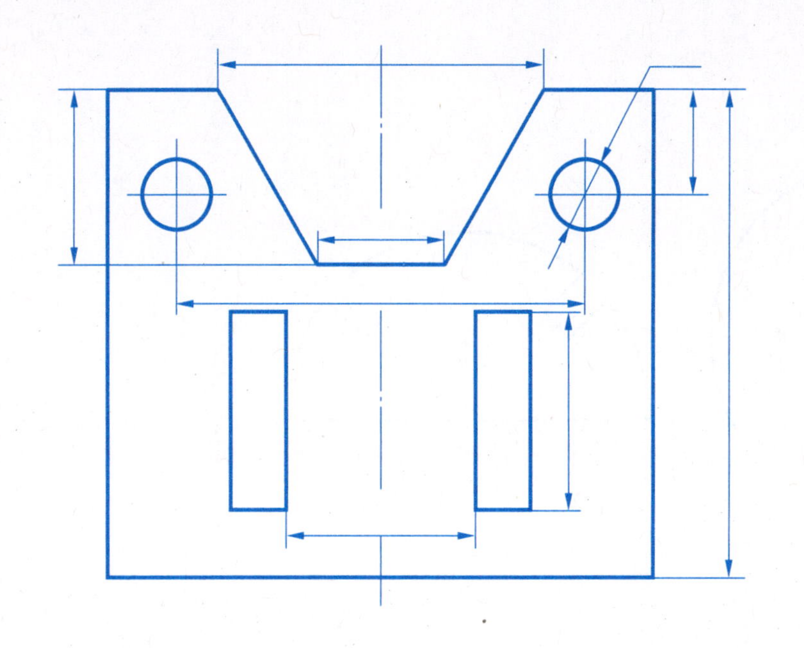

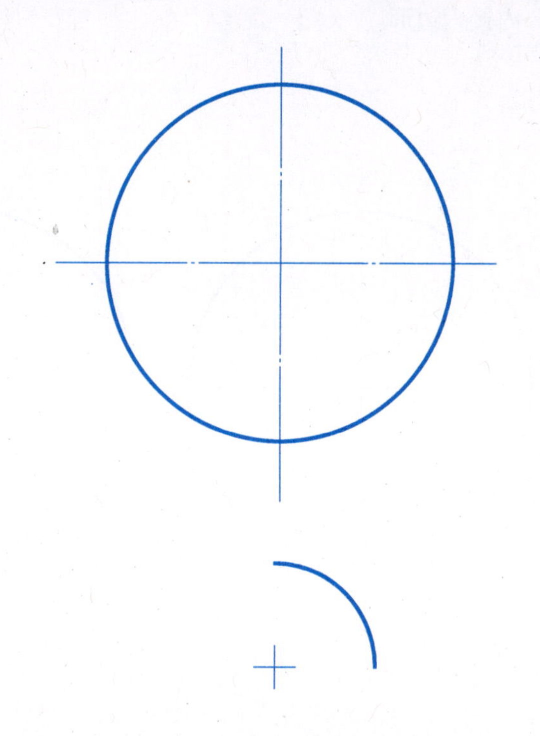

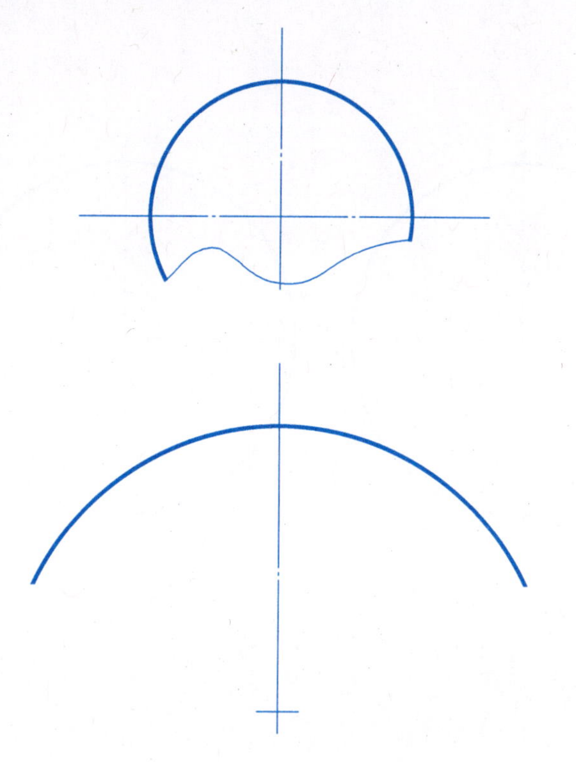

2. 标注线性尺寸和角度大小，绘图比例为 1 : 2。

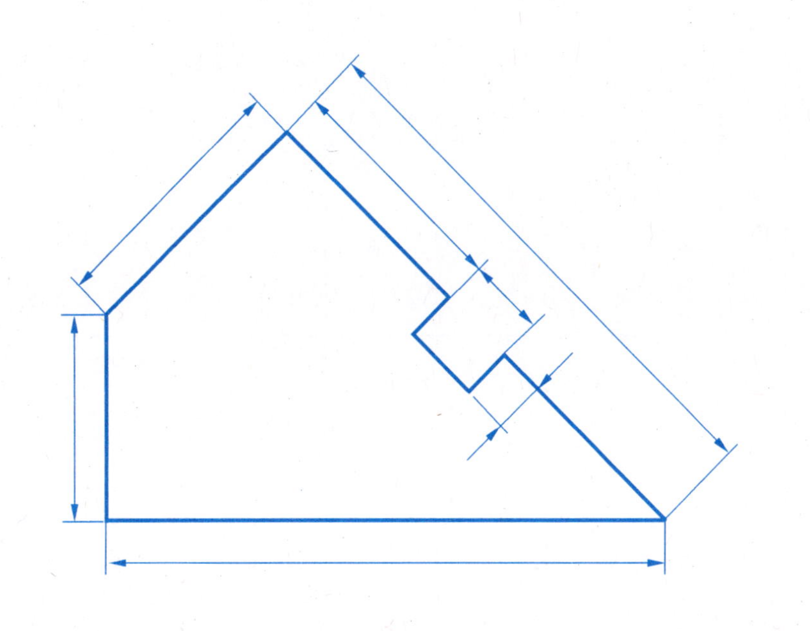

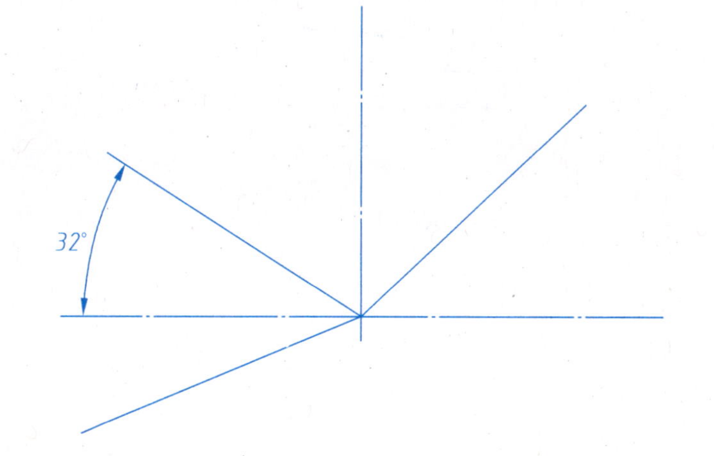

3. 在指定的尺寸线上，完成其尺寸标注，绘图比例为 2 : 1。

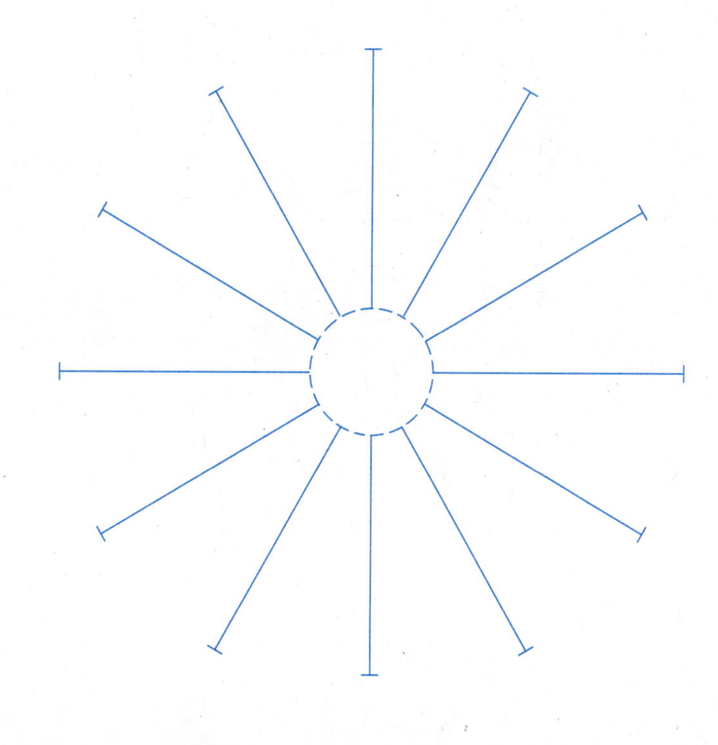

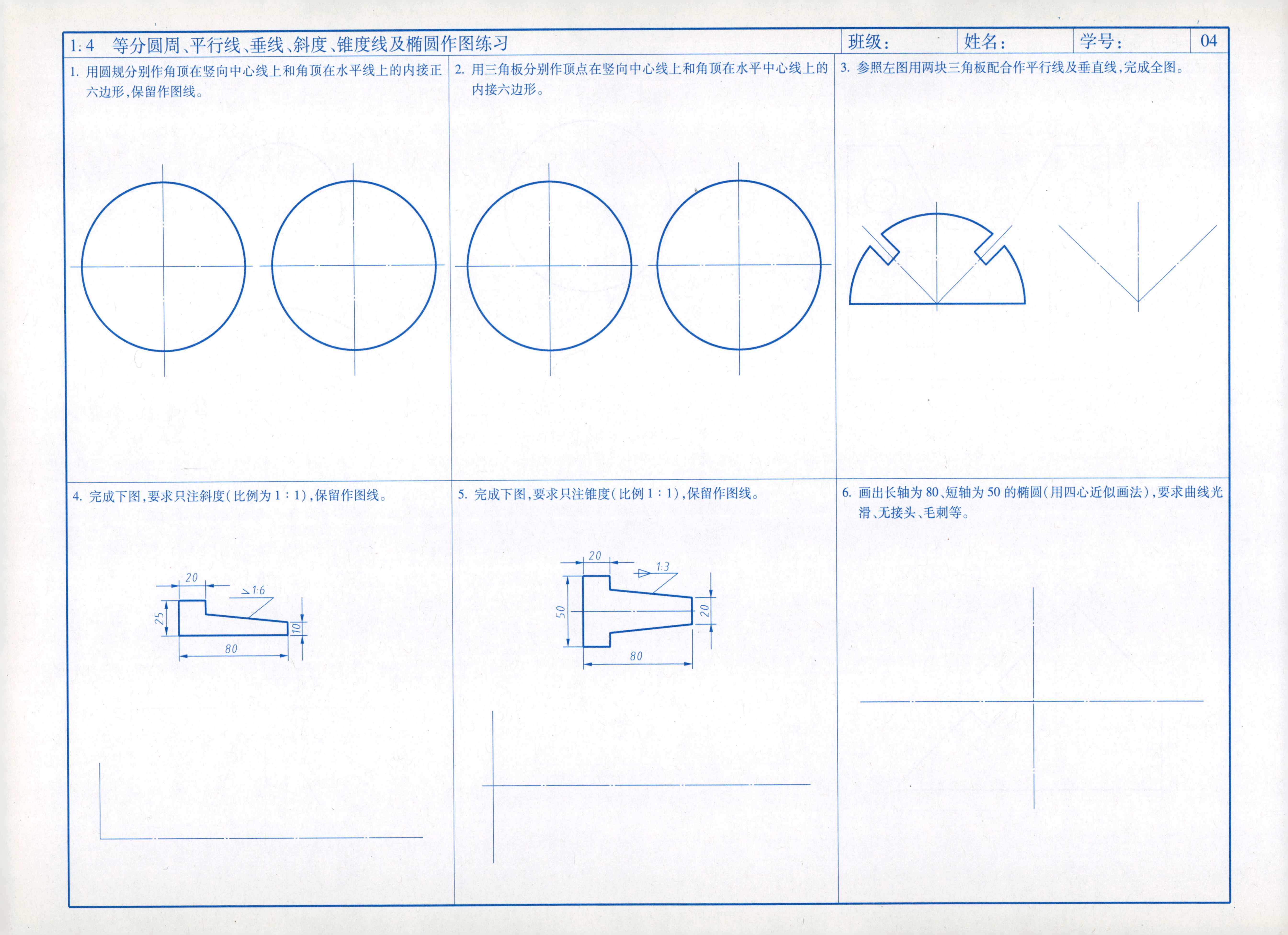
1:4 等分圆周、平行线、垂线、斜度、锥度线及椭圆作图练习
班级：
姓名：
学号：
04
1. 用圆规分别作角顶在竖向中心线上和角顶在水平线上的内接正六边形，保留作图线。
2. 用三角板分别作顶点在竖向中心线上和角顶在水平中心线上的内接六边形。
3. 参照左图用两块三角板配合作平行线及垂直线，完成全图。
4. 完成下图，要求只注斜度（比例为 1 : 1），保留作图线。
20
1:6
25
10
80
5. 完成下图，要求只注锥度（比例 1 : 1），保留作图线。
20
1:3
50
20
80
6. 画出长轴为 80、短轴为 50 的椭圆（用四心近似画法），要求曲线光滑、无接头、毛刺等。

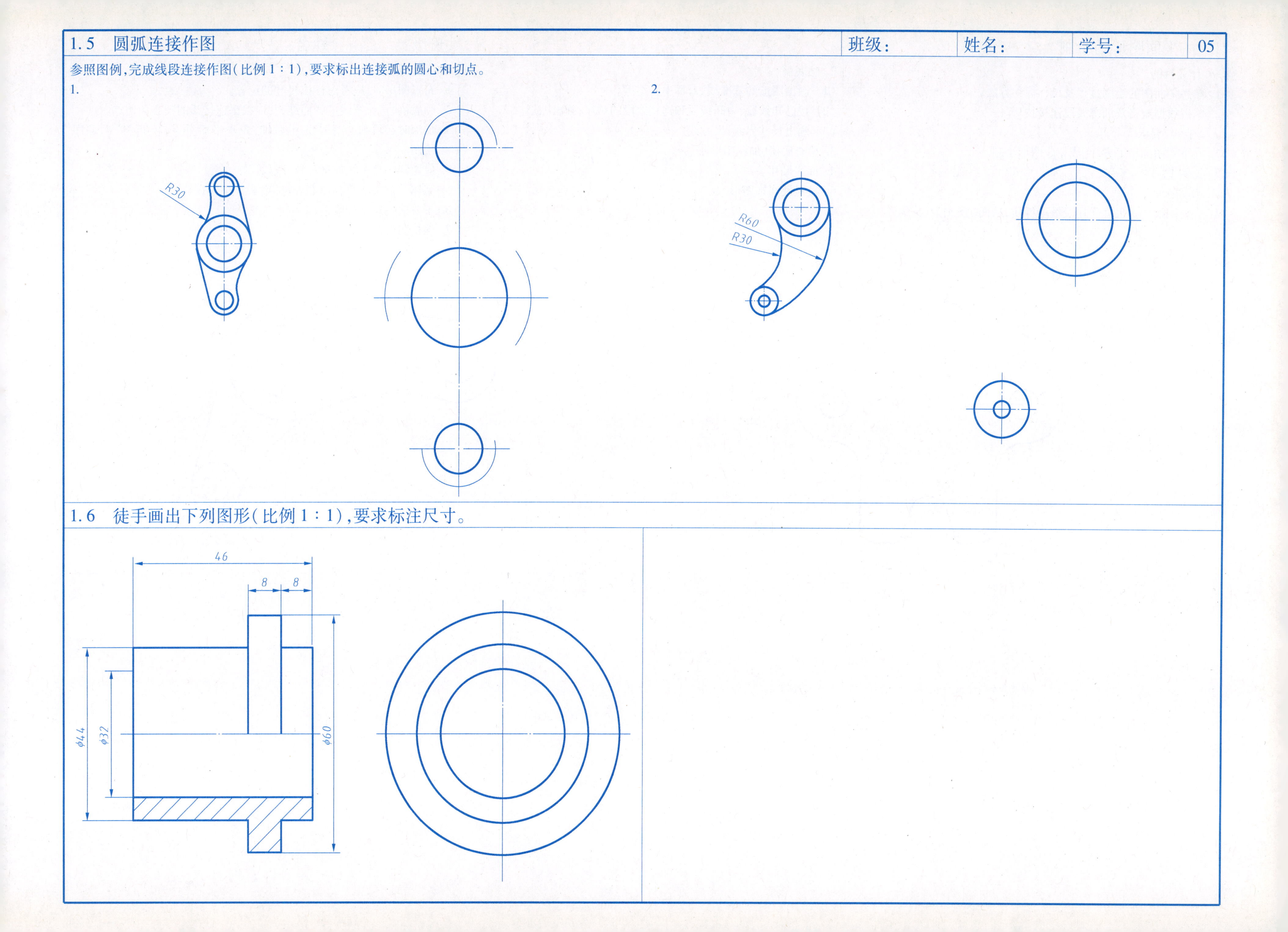
1.5 圆弧连接作图
班级：
姓名：
学号：
05
参照图例，完成线段连接作图（比例1：1），要求标出连接弧的圆心和切点。
1.
R30
2.
R60
R30
1.6 徒手画出下列图形（比例1：1），要求标注尺寸。
46
8
8
φ44
φ32
φ60

1.7　平面图形的绘制	班级：	姓名：	学号：	06

一、作业目的

1. 熟悉平面图的绘制过程及尺寸标注方法。
2. 掌握线型规格及训练线段连接技巧。

二、内容与要求

1. 在下列图的正下方，完成相应图形绘制。
2. 比例 1 : 1。

三、作图步骤

1. 分析图形中的尺寸作用及线段性质，从而决定作图步骤。
2. 画底稿。

（1）画出图形的基准线、对称中心线等。

（2）按已知线段、中间线段和连接线段的顺序，画出图形。

（3）画出尺寸界线、尺寸线。

3. 检查底稿，加深图形。
4. 标注尺寸。
5. 校对及修饰图形。

四、注意事项

1. 布置图形时，应考虑标注尺寸的位置。
2. 画底稿时，作图线应轻而准，并应找出连接弧的圆心和切点。
3. 加深时必须细心，按“先粗后细，先水平后垂直，再倾斜”的顺序绘制。
4. 应做到同类图线规格一致，线段连接光滑。
5. 字体及箭头要符合标准规定（箭头大小一致）。
6. 不要遗漏尺寸和箭头。
7. 保持图面清洁。

1.

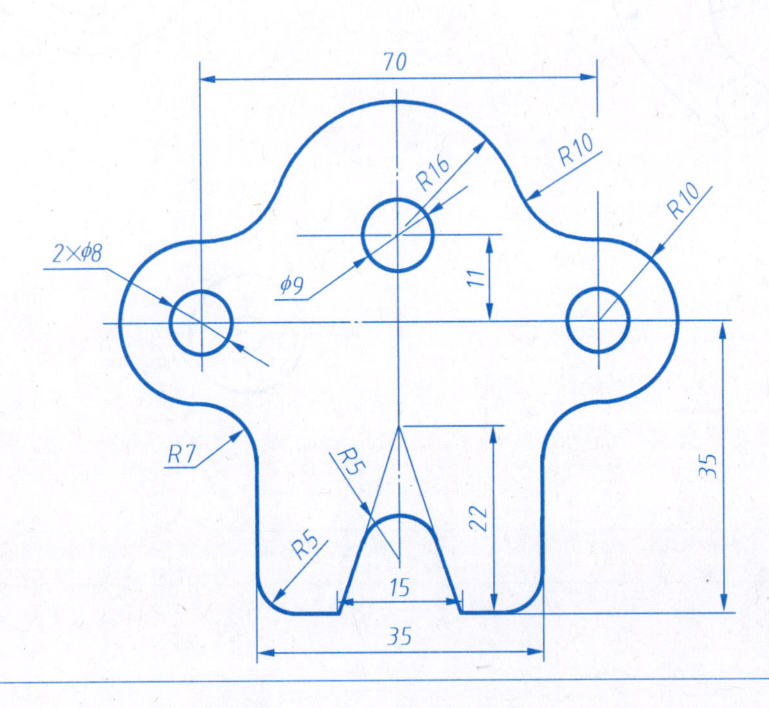

2.

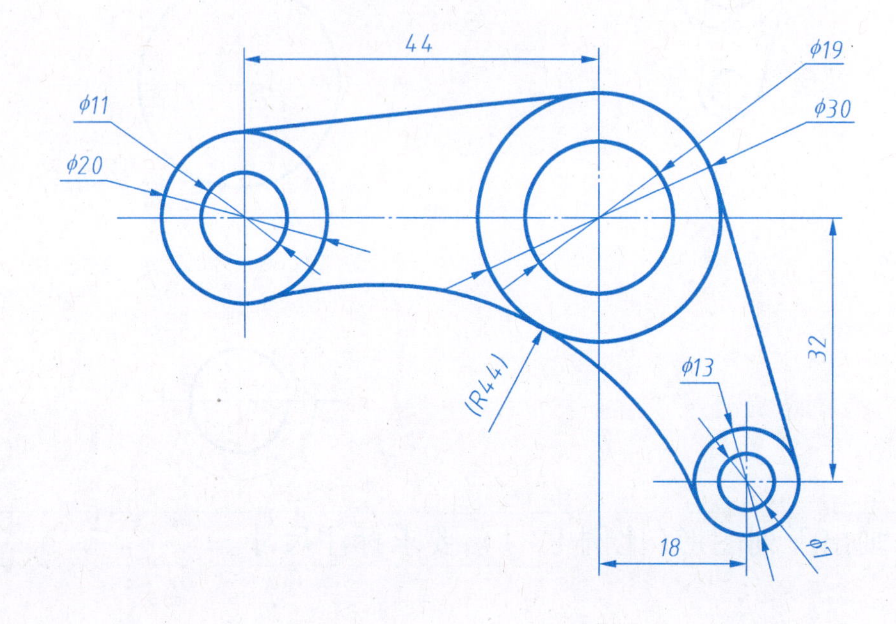

1.

2.

第 2 章　正投影基础

2.1　点的投影	班级：	姓名：	学号：	07

1. 填空。

(1) 若点 A 的 x、y、z 坐标均小于点 B 的 x、y、z 坐标，则点 B 在点 A 的________、________、________方。

(2) 已知点 A(15、20、10)，则点 A 距 V 面为________，距 H 面为________，距 W 面为________。

(3) 当点有一个坐标为零时，则该点一定属于某一________。如：点 A 的________坐标为零，则点 A 一定属于________投影面。

(4) 当点有两个坐标为零时，则该点一定属于某一________。如：点 A 的________坐标为零，则点 A 属于________轴。

2. 已知点 E 的三面投影，试画 OZ 轴和 OY 轴。再求点 F(15、20、30)的三面投影。

e′　e″　e

3. 补画各正四棱锥顶点的投影符号，同一点连线，并比较两点的相对位置。

Z　b′　a′　X　O　Y_W　Y_H

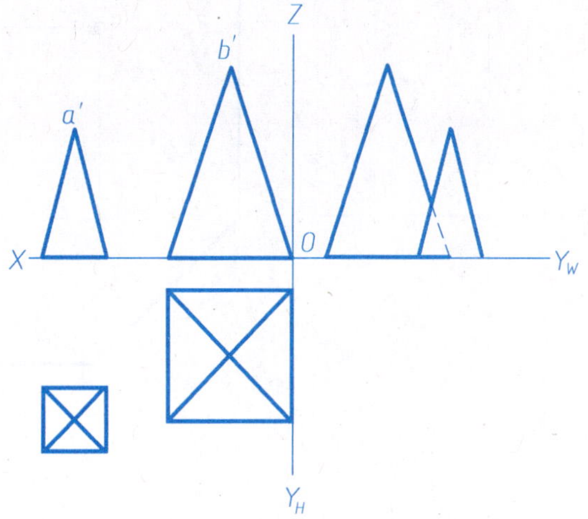

点 A 在点 B 的________、________、________方。

4. 求物体上 A、B 两点第三面投影，并比较两点的相对位置。

a′　Z　a″　b′　X　O　Y_W　b　Y_H

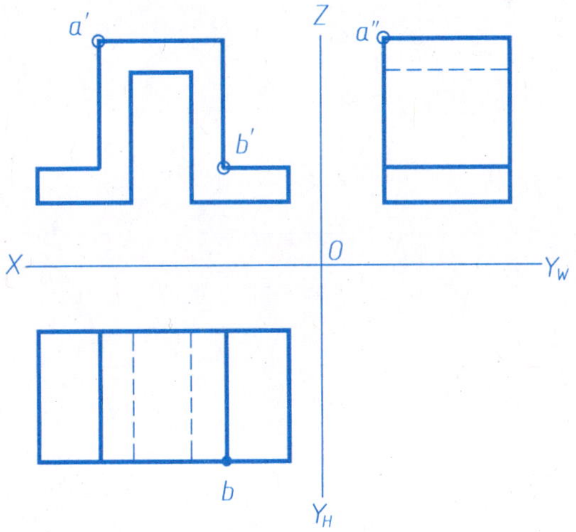

点 A 在点 B 的________、________、________方。

5. 求物体上 A、B 两点三面投影，并比较两点的相对位置。

Z　X　O　Y_W　a　b　Y_H

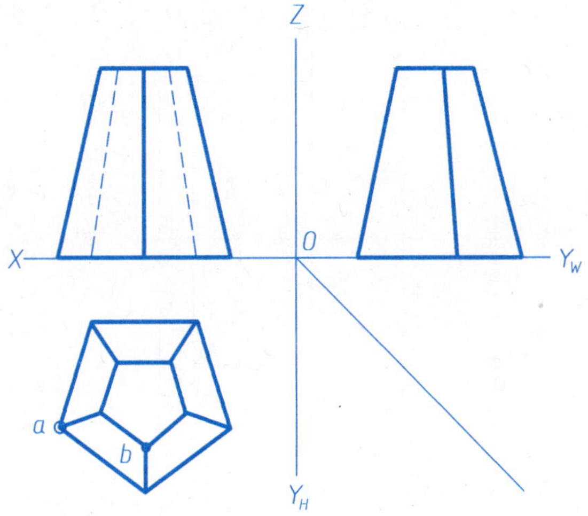

点 A 在点 B 的________、________、________方。

6. 作图判断点 M 是否属于棱线 SA？又已知点 N 属于 SA，试根据 n 求作 n′、n″。

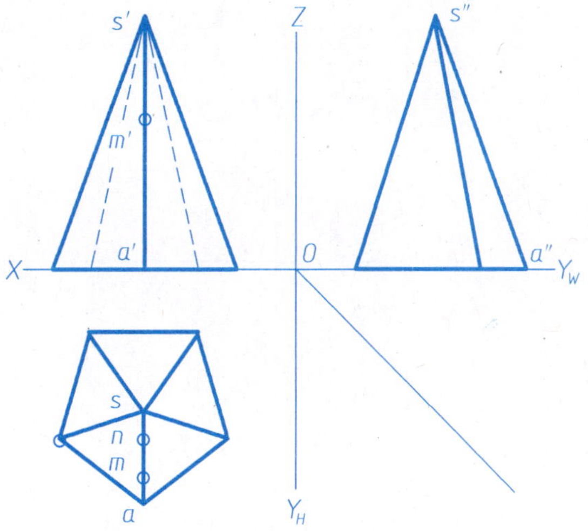

s′　Z　s″　m′　X　a′　O　a″　Y_W　s　n　m　a　Y_H

答：点 M ________ SA 线。

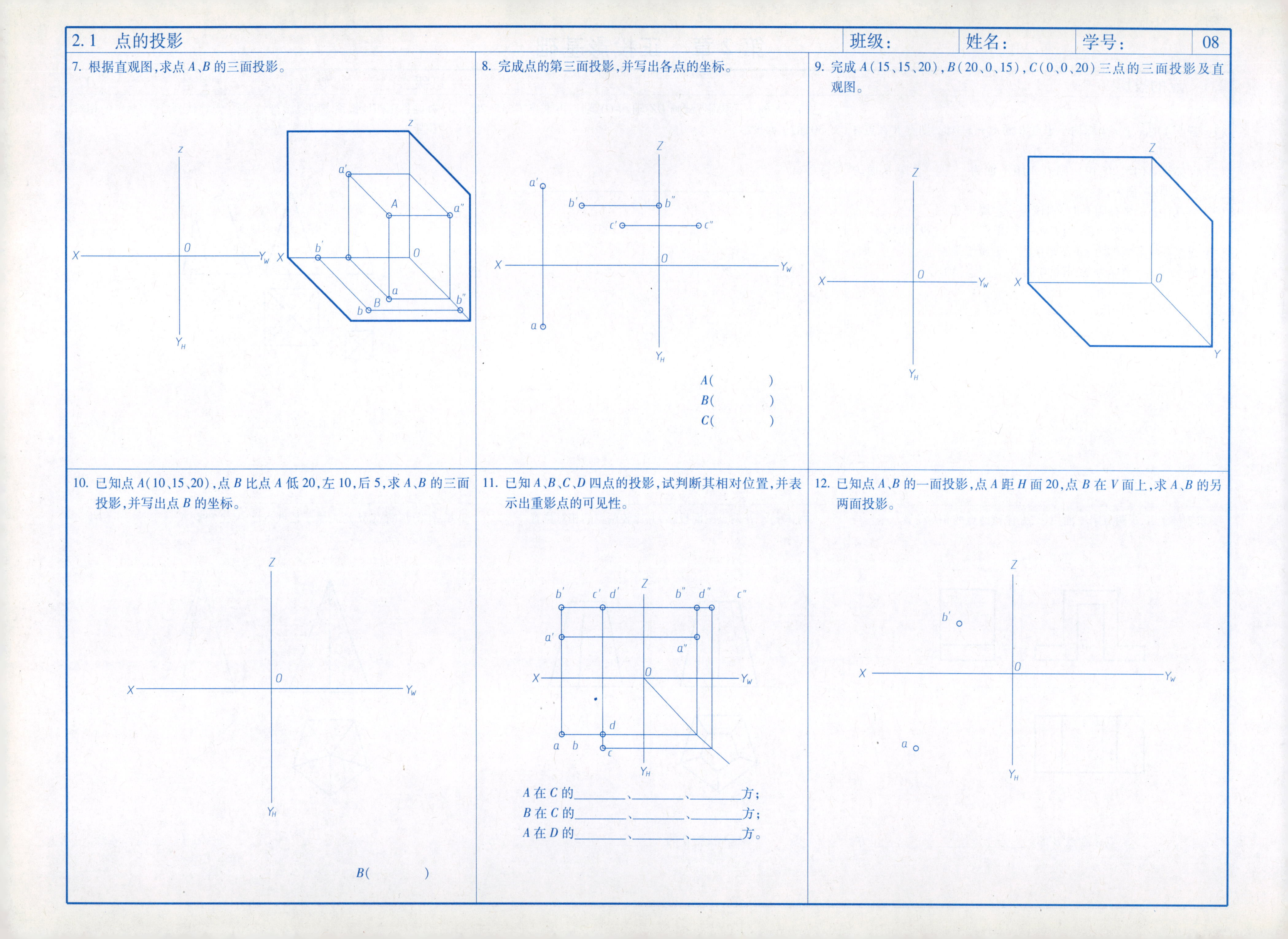

2.1 点的投影
班级：
姓名：
学号：
08
7. 根据直观图，求点A、B的三面投影。
8. 完成点的第三面投影，并写出各点的坐标。
A(　　　　)
B(　　　　)
C(　　　　)
9. 完成A(15、15、20)，B(20、0、15)，C(0、0、20)三点的三面投影及直观图。
10. 已知点A(10、15、20)，点B比点A低20，左10，后5，求A、B的三面投影，并写出点B的坐标。
B(　　　　)
11. 已知A、B、C、D四点的投影，试判断其相对位置，并表示出重影点的可见性。
A在C的______、______、______方；
B在C的______、______、______方；
A在D的______、______、______方。
12. 已知点A、B的一面投影，点A距H面20，点B在V面上，求A、B的另两面投影。

1. 判断下列直线的空间位置，并测定线段的实长（比例1：1）。

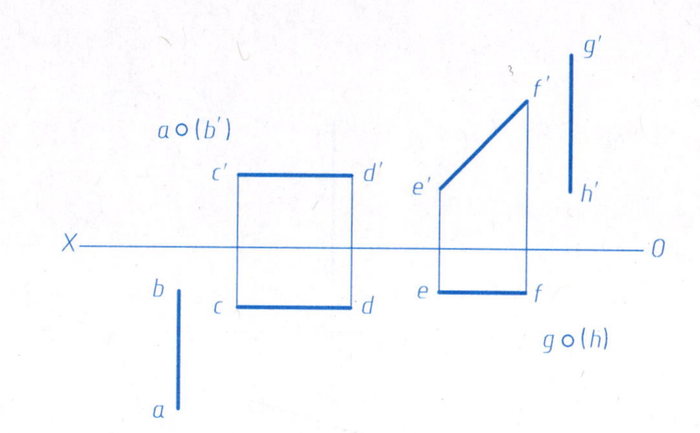

AB 为________线，实长________；*CD* 为________线，实长________；
EF 为________线，实长________；*GH* 为________线，实长________。

2. 根据直观图，回答问题。

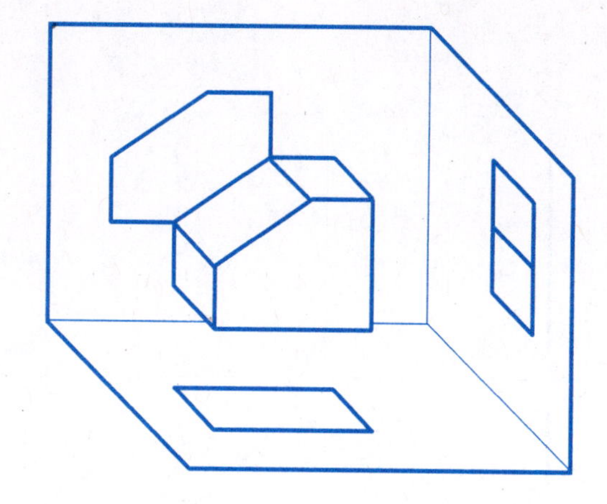

物体上共有：
________条正垂线；________条铅垂线；
________条正平线；________条侧垂线。

3. 补出三棱锥各顶点的另两面投影，并判断下列直线的空间位置。

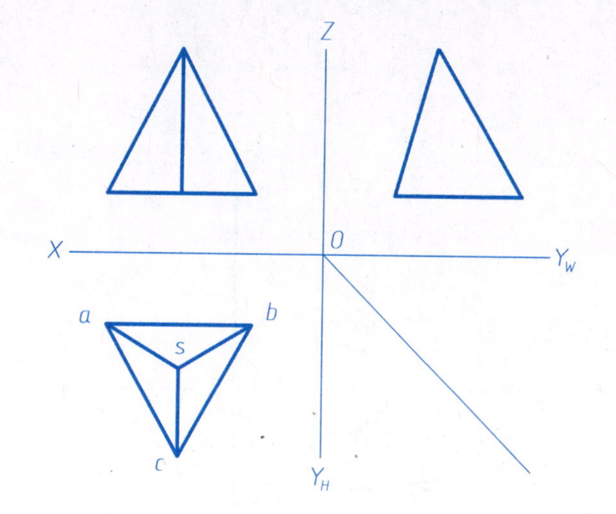

AB 是________线；*AS* 是________线；
SC 是________线；*AC* 是________线。

4. 判别点 *K* 是否在 *AB* 上？

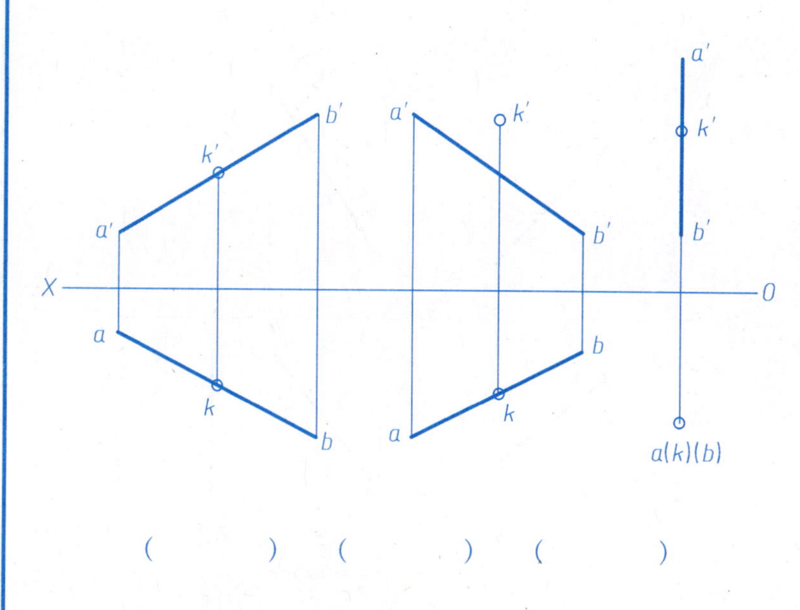

(　　　) (　　　) (　　　)

5. 判别下列两直线的相对位置。

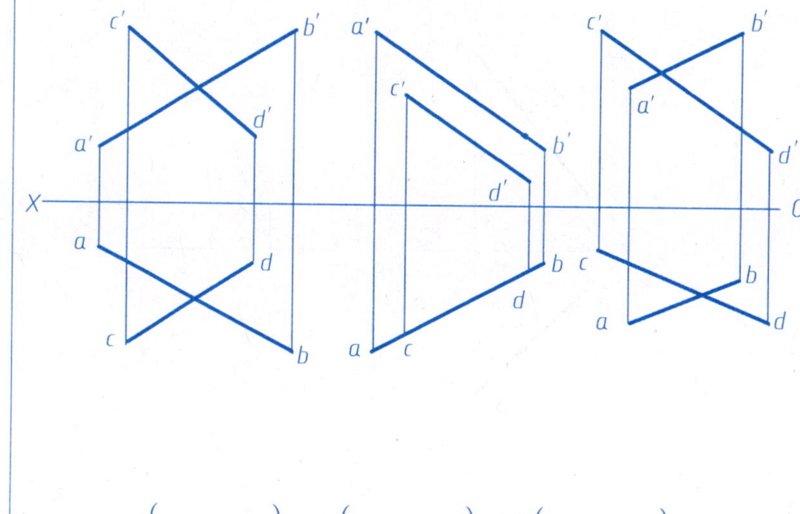

(　　　) (　　　) (　　　)

6. 注出 *AB* 和 *CD* 两交叉直线的重影及重影点的投影。

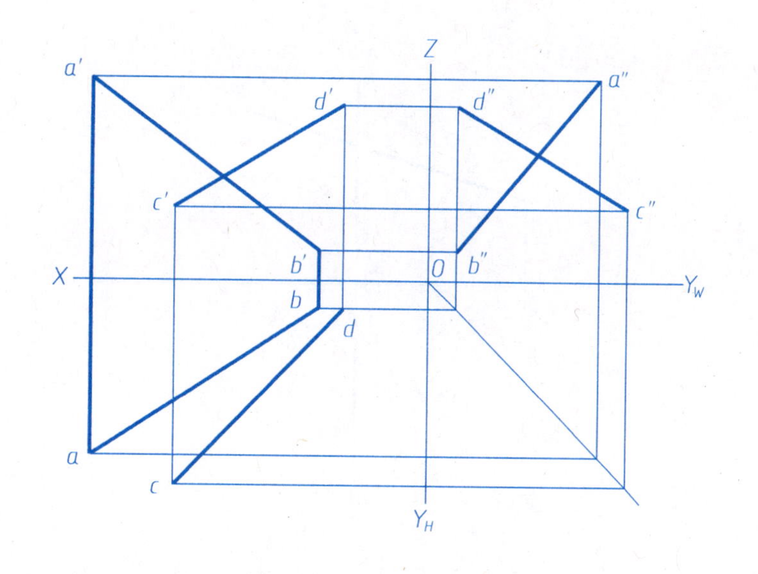

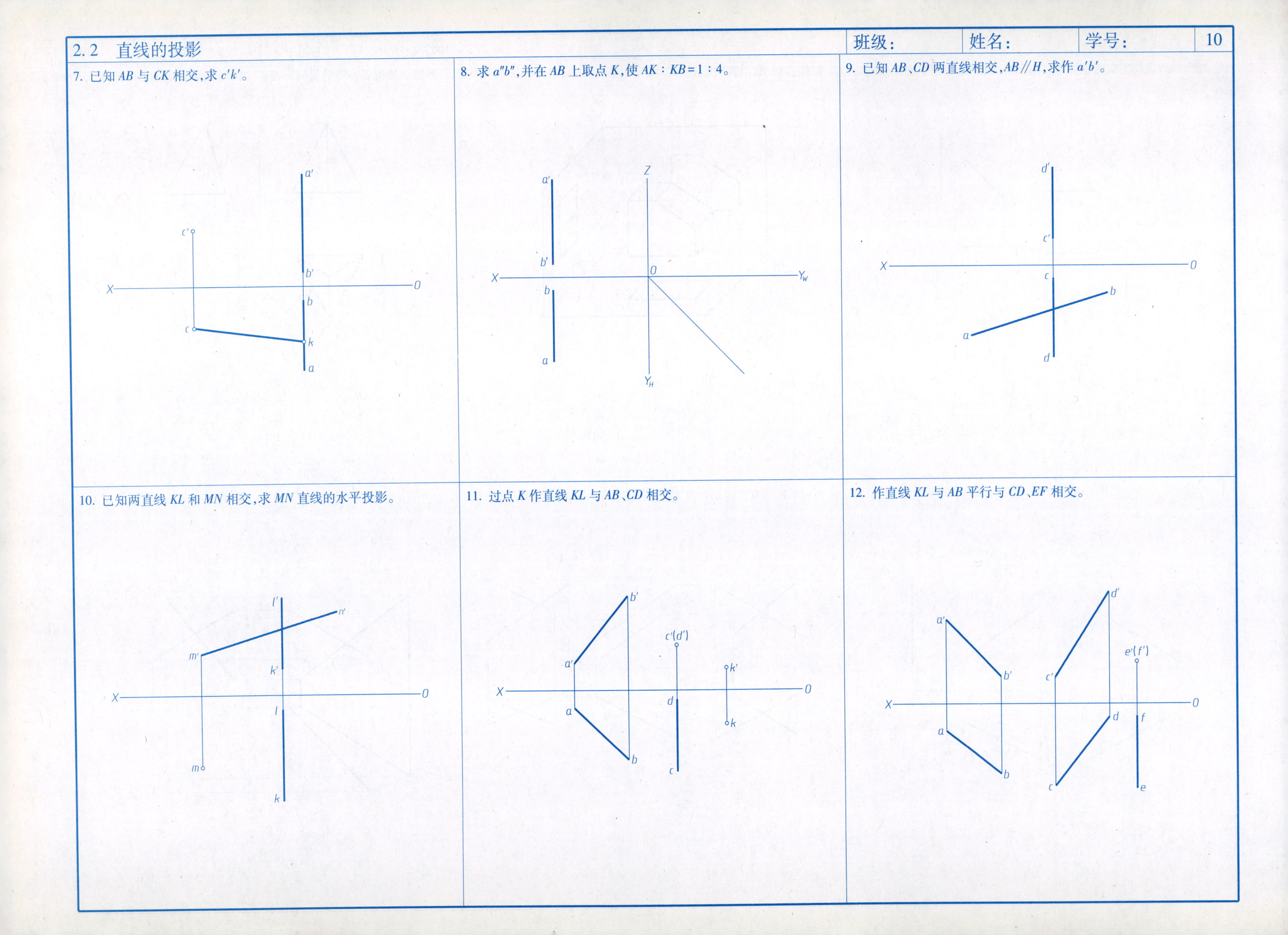
7. 已知 AB 与 CK 相交，求 c'k'。
8. 求 a"b"，并在 AB 上取点 K，使 AK : KB = 1 : 4。
9. 已知 AB、CD 两直线相交，AB // H，求作 a'b'。
10. 已知两直线 KL 和 MN 相交，求 MN 直线的水平投影。
11. 过点 K 作直线 KL 与 AB、CD 相交。
12. 作直线 KL 与 AB 平行与 CD、EF 相交。
a'
b'
c'
X
O
c
b
k
a
Z
Y_W
Y_H
d'
d
l'
n'
m'
k'
l
m
c'(d')
e'(f')
f
e

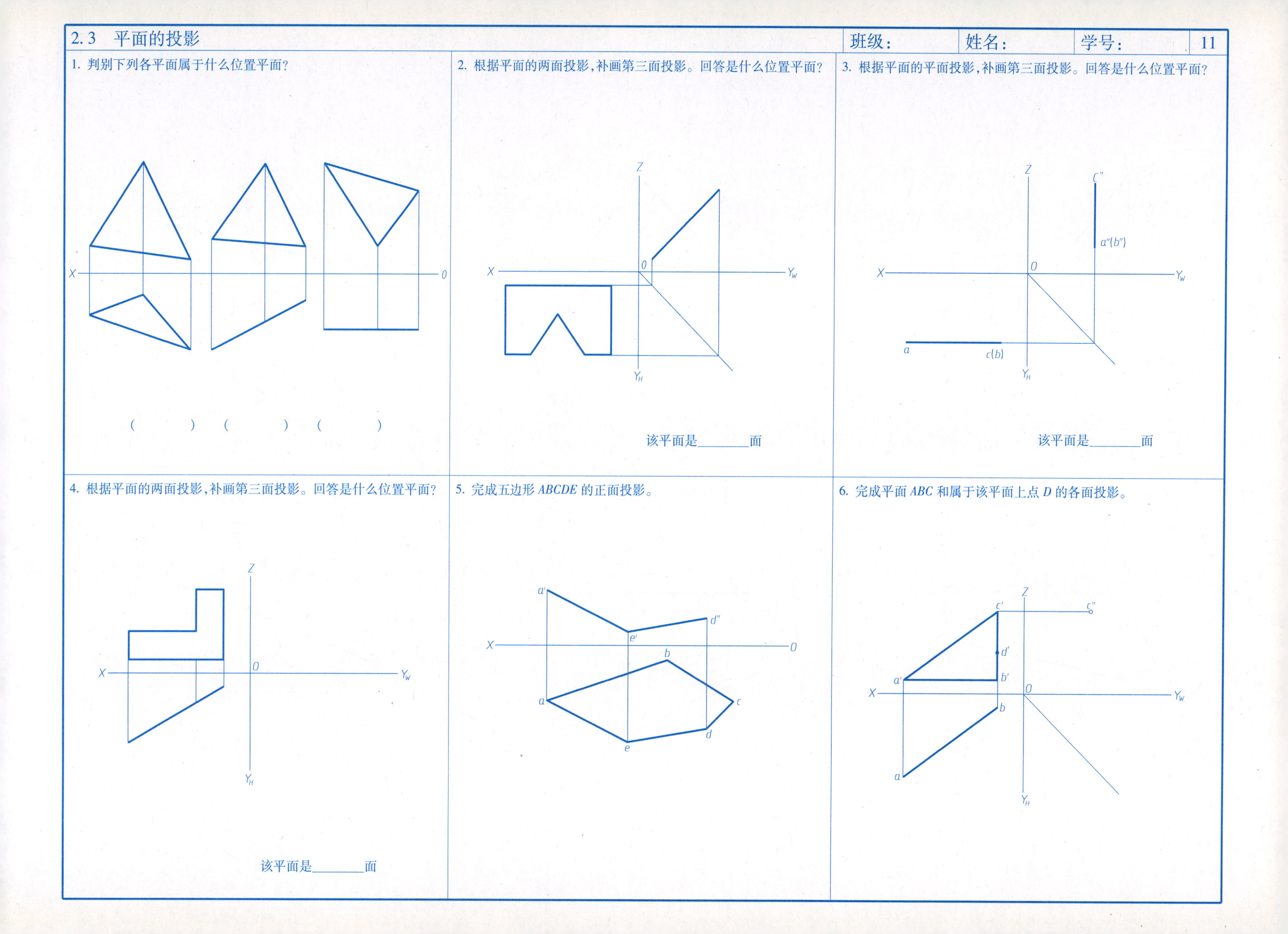
2.3 平面的投影
班级：
姓名：
学号：
11
1. 判别下列各平面属于什么位置平面？
X
0
(　　) (　　) (　　)
2. 根据平面的两面投影，补画第三面投影。回答是什么位置平面？
Z
X
0
Y_W
Y_H
该平面是______面
3. 根据平面的平面投影，补画第三面投影。回答是什么位置平面？
Z
c″
a″(b″)
X
0
Y_W
a
c(b)
Y_H
该平面是______面
4. 根据平面的两面投影，补画第三面投影。回答是什么位置平面？
Z
X
0
Y_W
Y_H
该平面是______面
5. 完成五边形 ABCDE 的正面投影。
a′
d″
X
e′
0
b
a
c
d
e
6. 完成平面 ABC 和属于该平面上点 D 的各面投影。
Z
c′
c″
d′
a′
b′
X
0
Y_W
b
a
Y_H

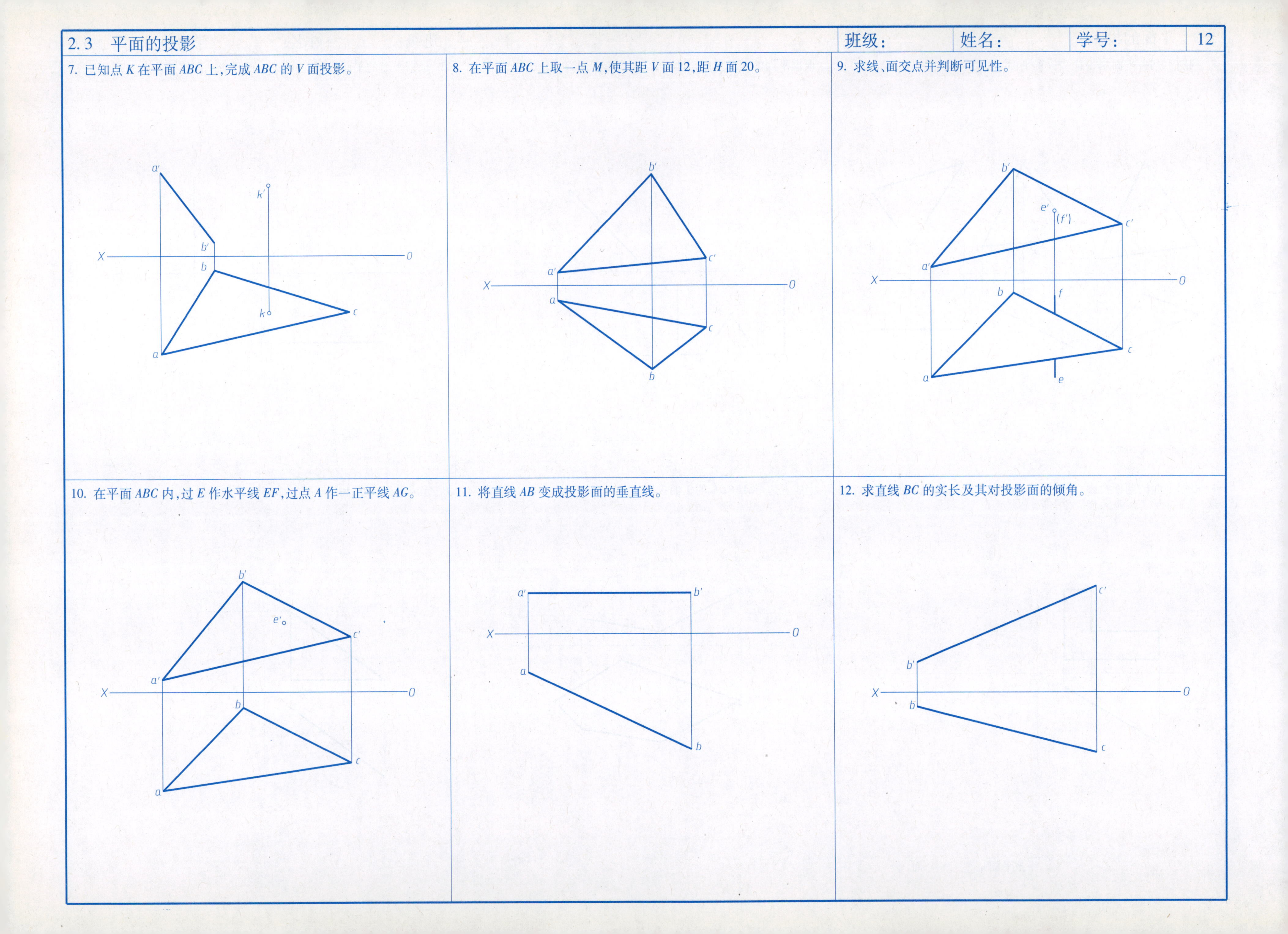

2.3 平面的投影
班级：
姓名：
学号：
12
7. 已知点 K 在平面 ABC 上，完成 ABC 的 V 面投影。
a′
k′
b′
X
0
b
k
c
a
8. 在平面 ABC 上取一点 M，使其距 V 面 12，距 H 面 20。
b′
c′
a′
X
0
a
c
b
9. 求线、面交点并判断可见性。
b′
e′
(f′)
c′
a′
X
0
b
f
c
a
e
10. 在平面 ABC 内，过 E 作水平线 EF，过点 A 作一正平线 AG。
b′
e′
c′
a′
X
0
b
c
a
11. 将直线 AB 变成投影面的垂直线。
a′
b′
X
0
a
b
12. 求直线 BC 的实长及其对投影面的倾角。
c′
b′
X
0
b
c

第3章　基本几何体的投影

3.1　平面立体的表面取点作图	班级：	姓名：	学号：	13

1. 已知正六棱柱体表面上点的一面投影，求其余两面投影。

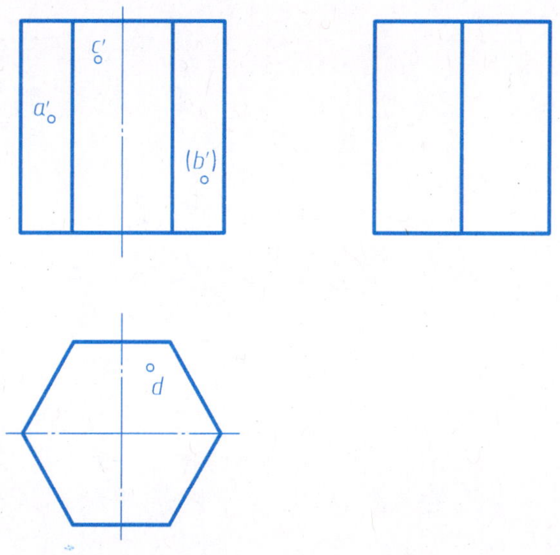

2. 已知正六棱柱体表面上点的一面投影，求其余两面投影。

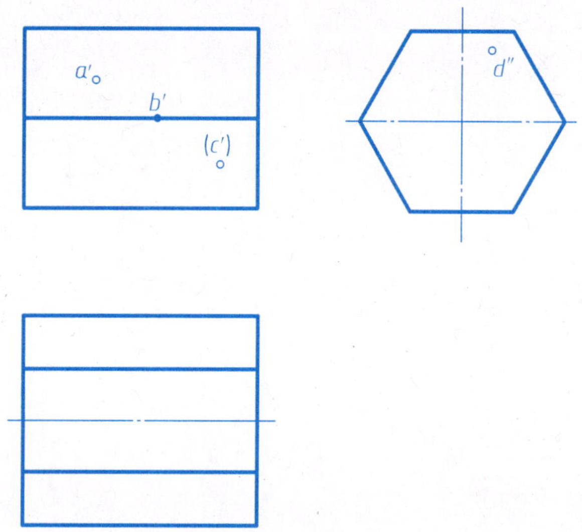

3. 已知锥体表面上点的一面投影，求其余两面投影。

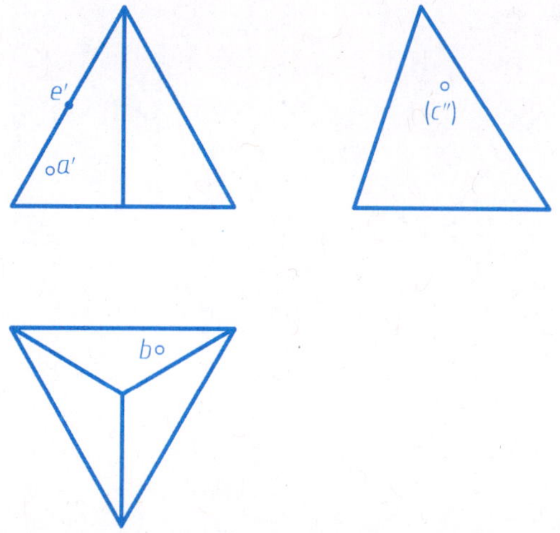

4. 已知棱台表面上点的一面投影，求其余两面投影。

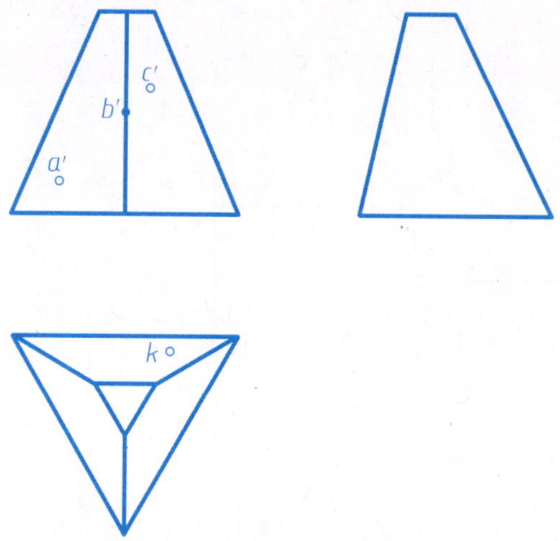

3.2　曲面立体表面取点作图

1. 已知圆柱体表面上点的一面投影，求其余两面投影。

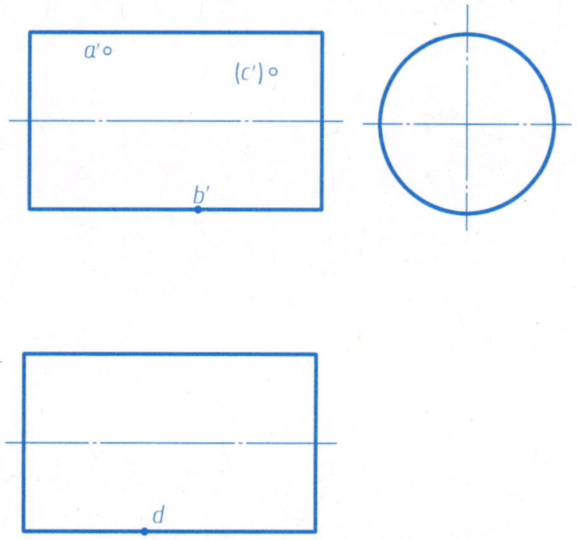

2. 已知圆锥体表面上点的一面投影，求其余两面投影。

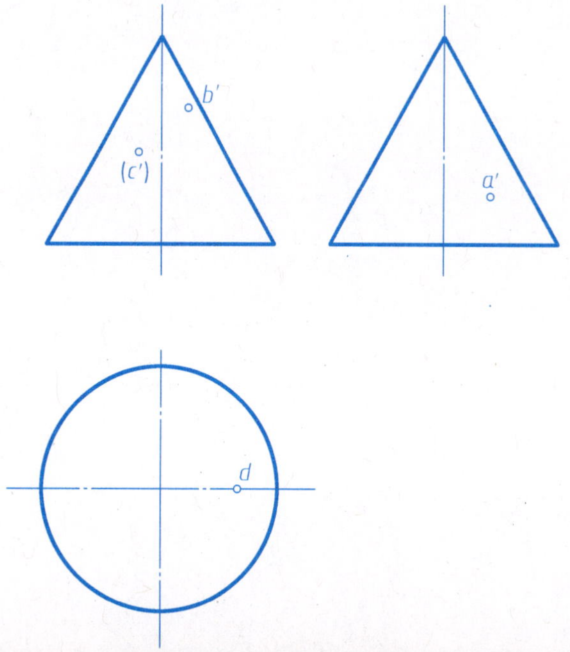

3. 已知球体表面上点的一面投影，求其余两面投影。

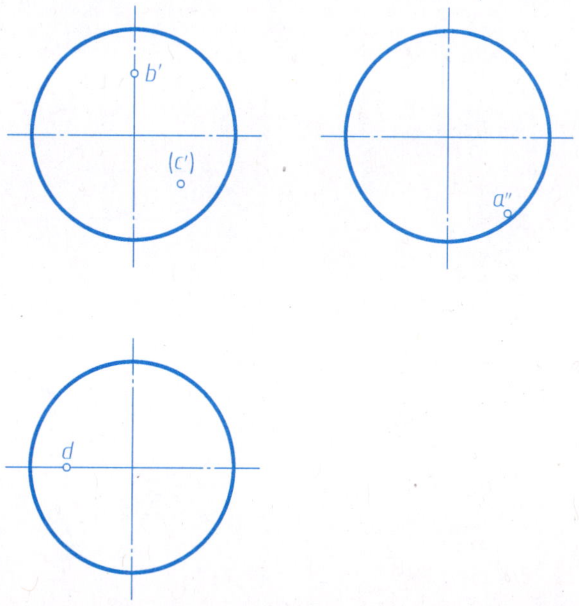

4. 已知回转体表面上点的一面投影，求其余两面投影（A 和 C 点在一个水平面上）。

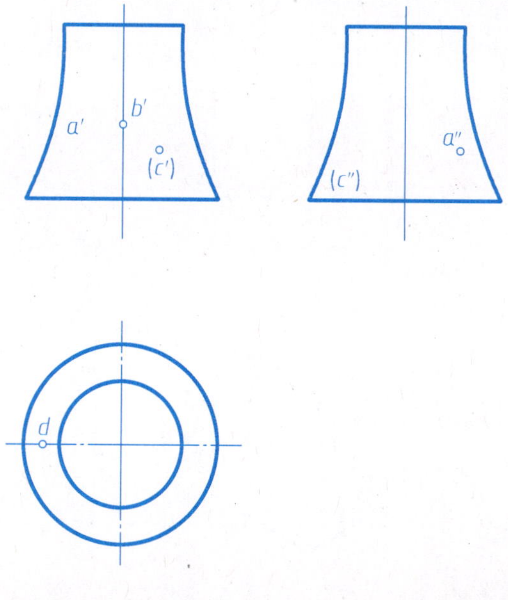

4.1　完成平面及曲面立体的截交线，并补画第三面投影	班级：	姓名：	学号：	14

1.

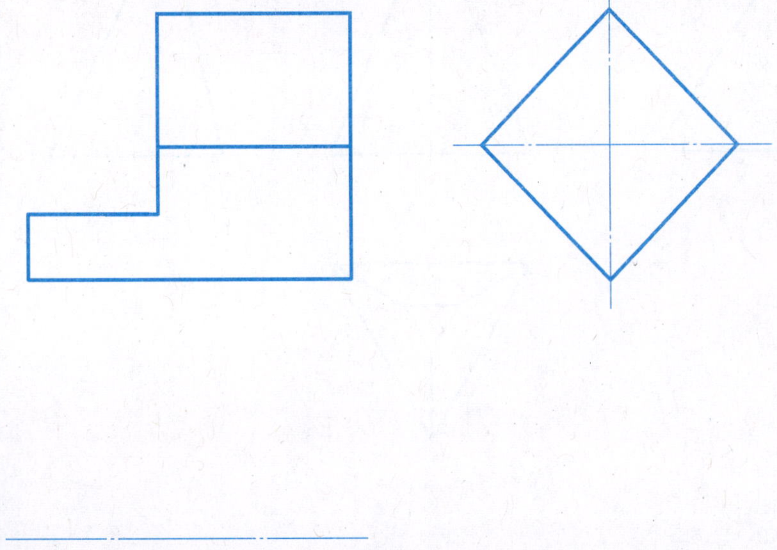

2.

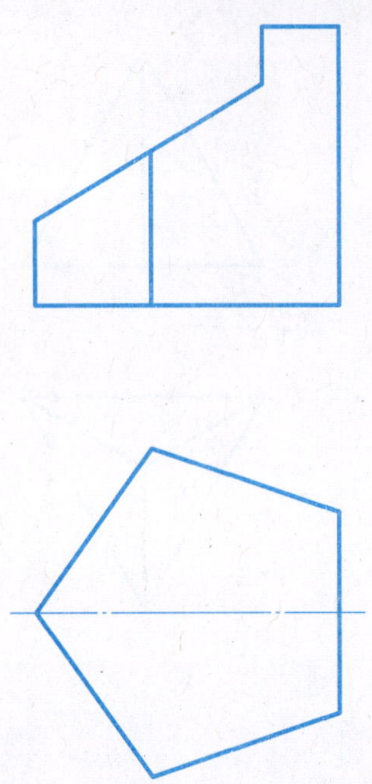

3.

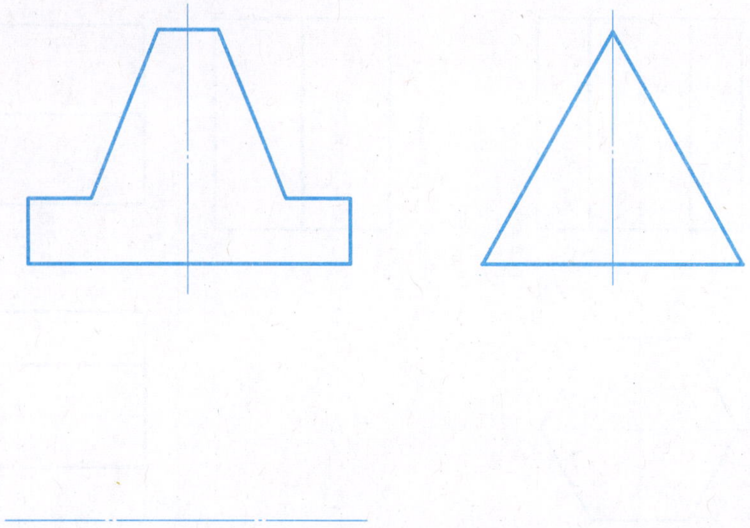

4.

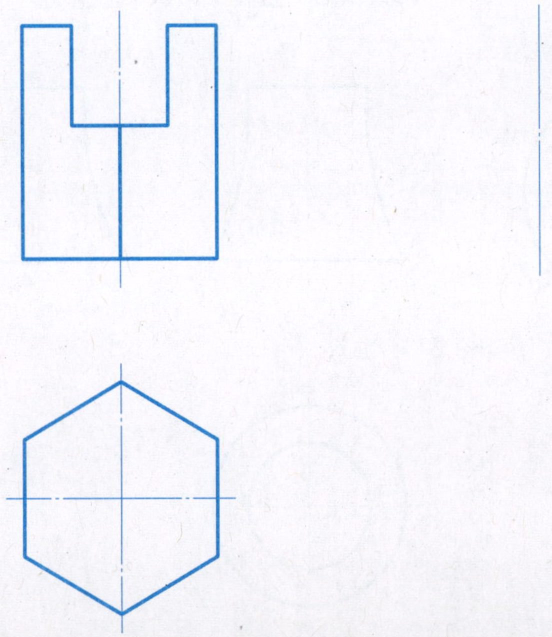

5.

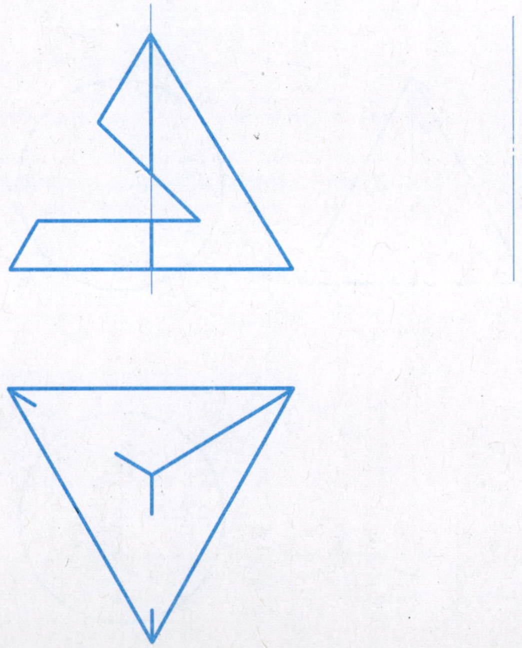

6.

ϕ

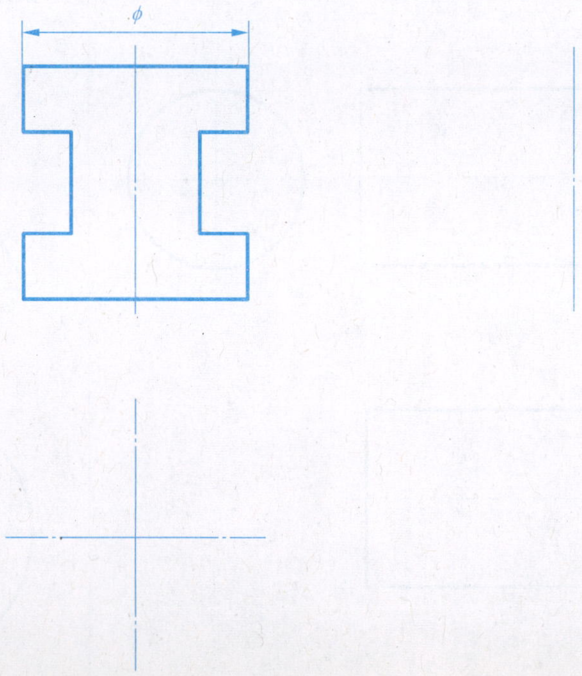

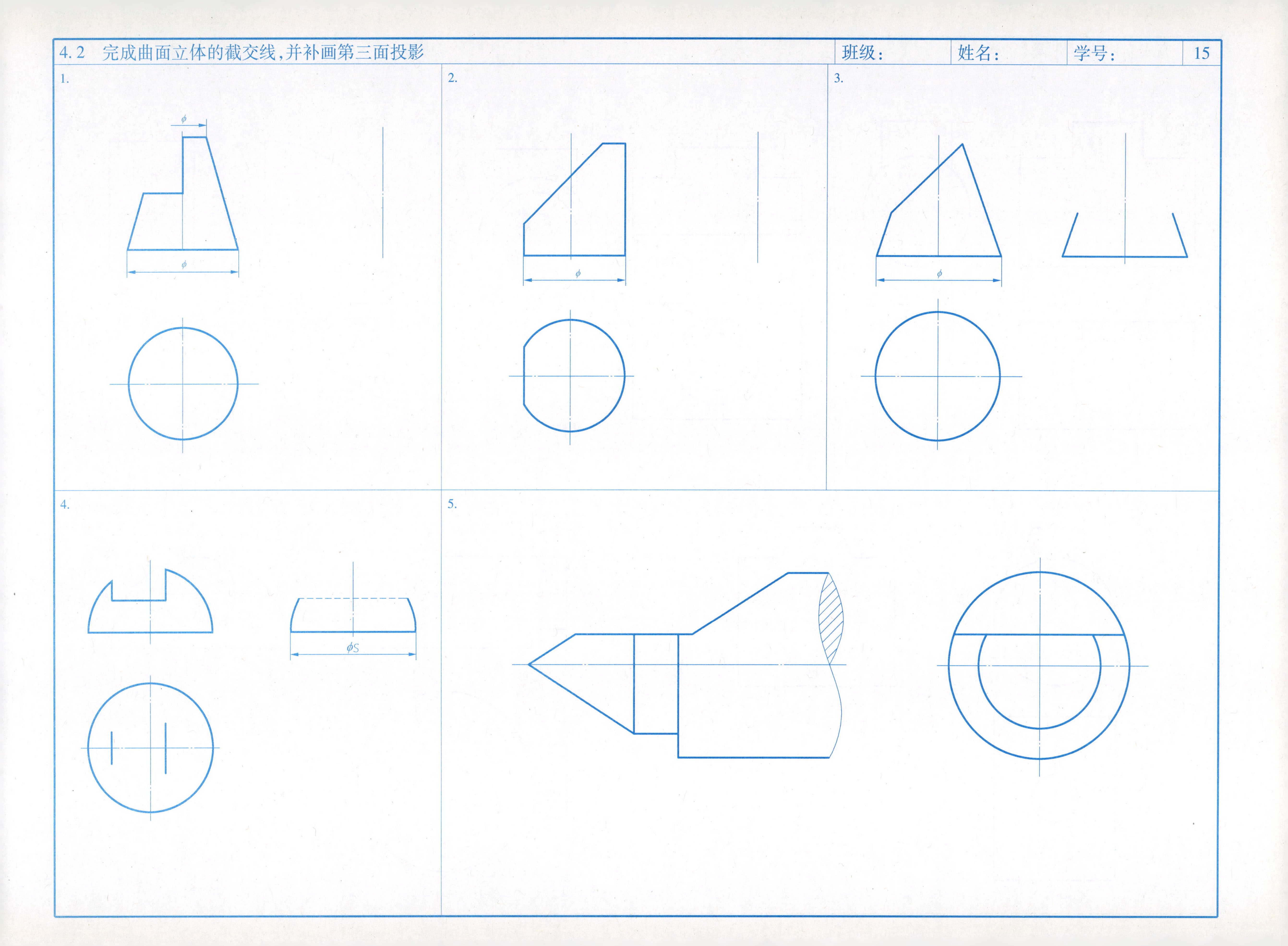
1.
φ
φ
2.
φ
3.
φ
4.
φS
5.

4.3 完成立体的相贯线

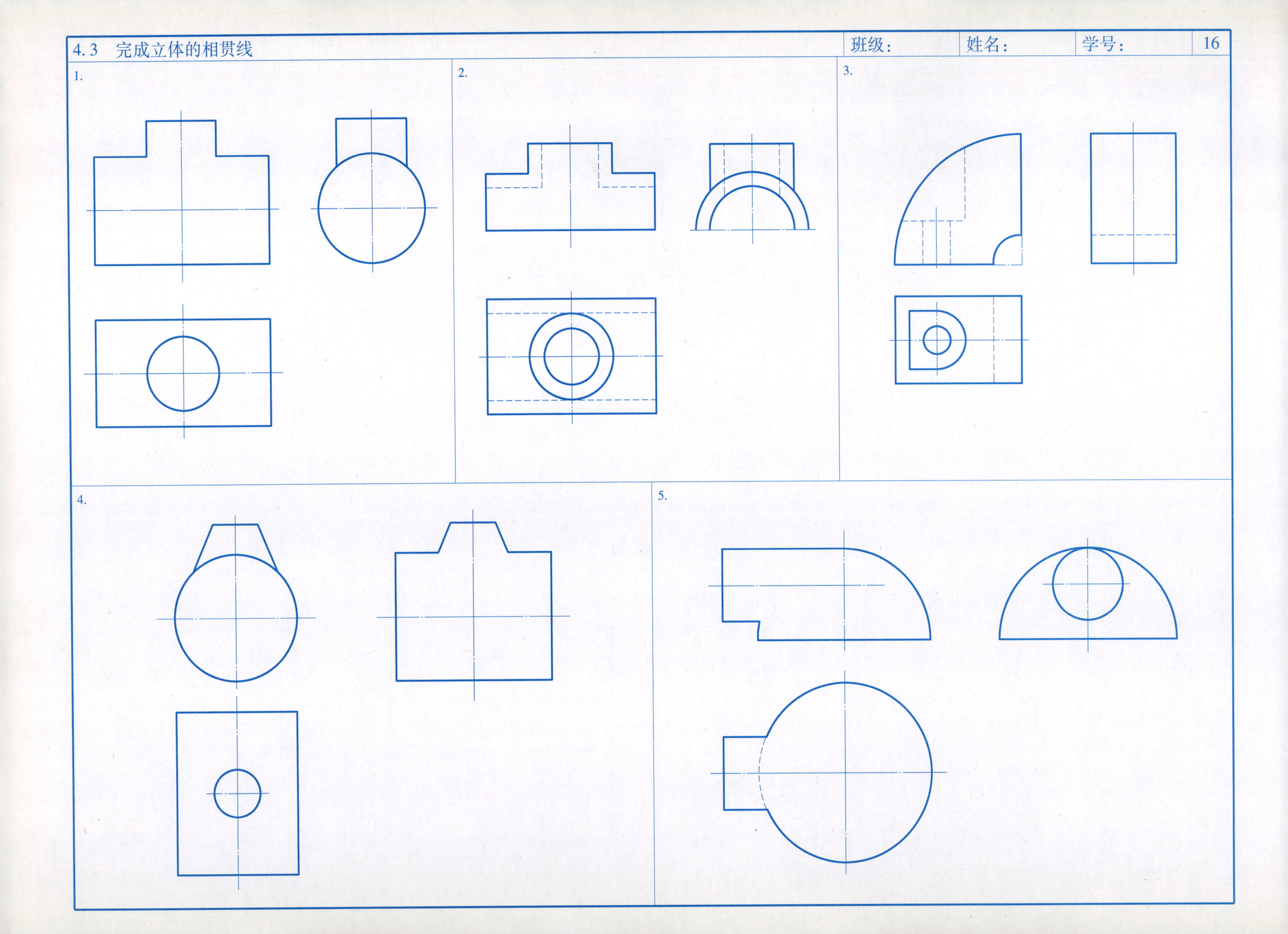

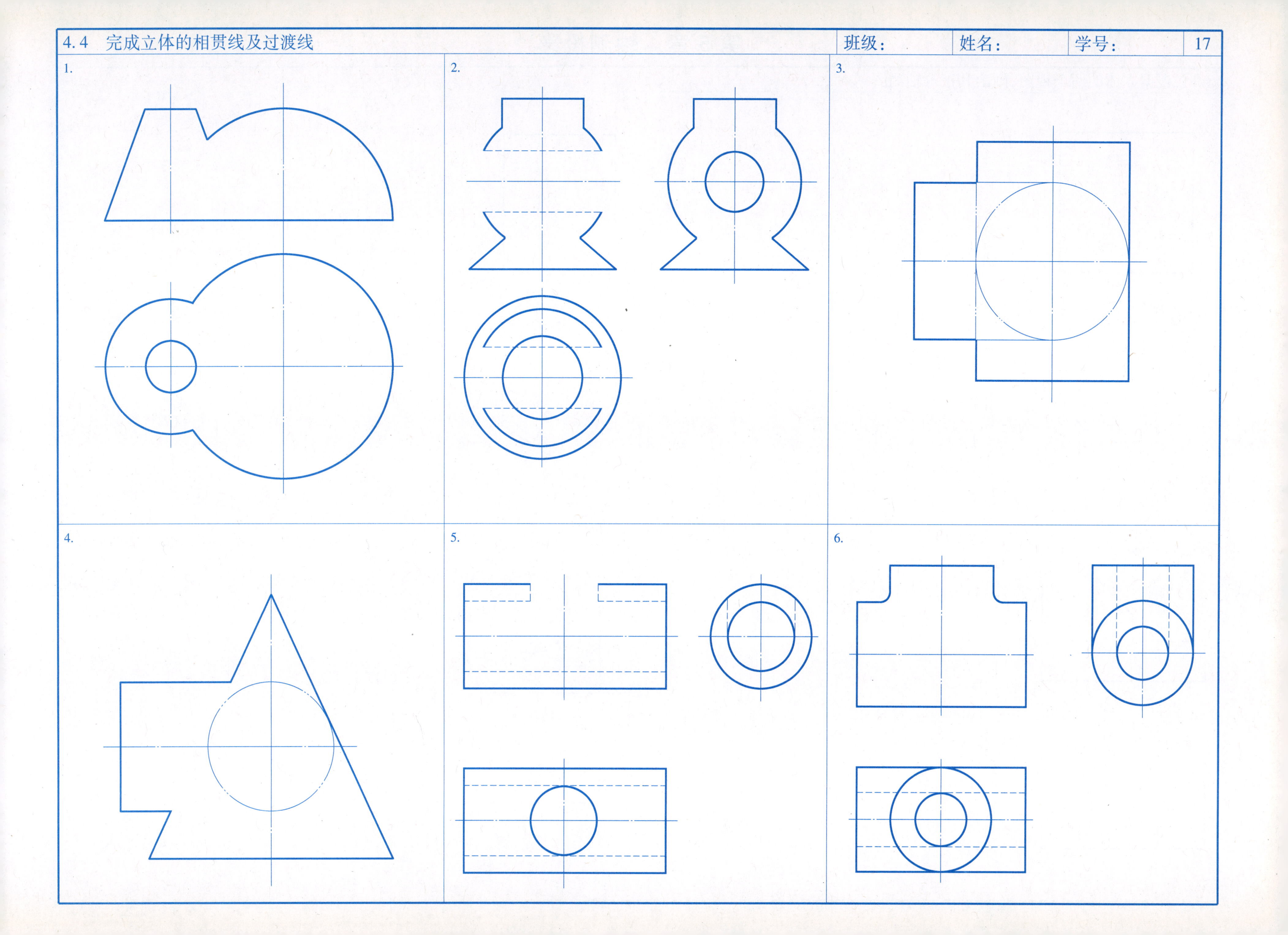
1.
2.
3.
4.
5.
6.

第 5 章　轴测投影

5.1　根据立体的两个视图,画出其正等轴测图　班级:　姓名:　学号:　

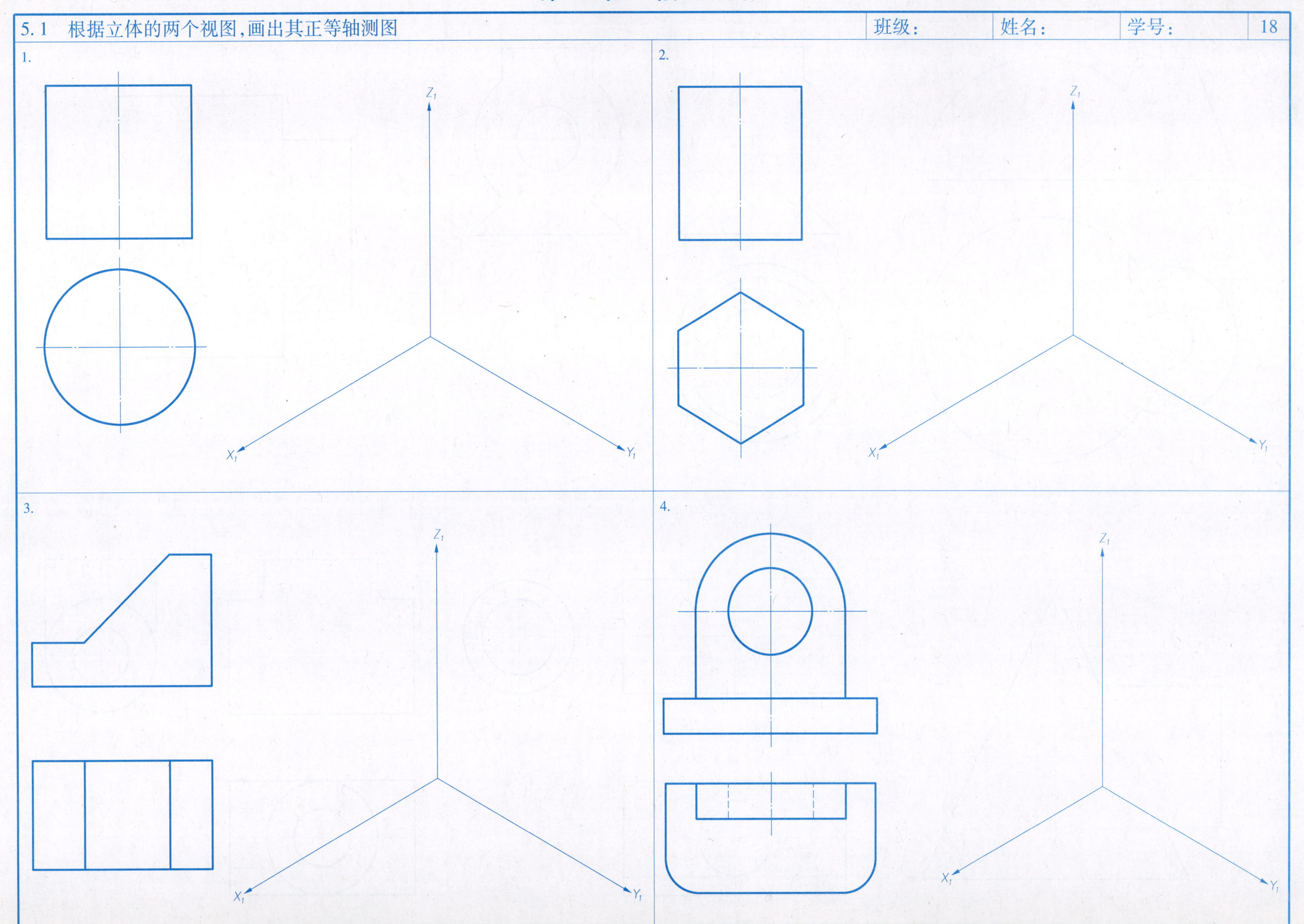

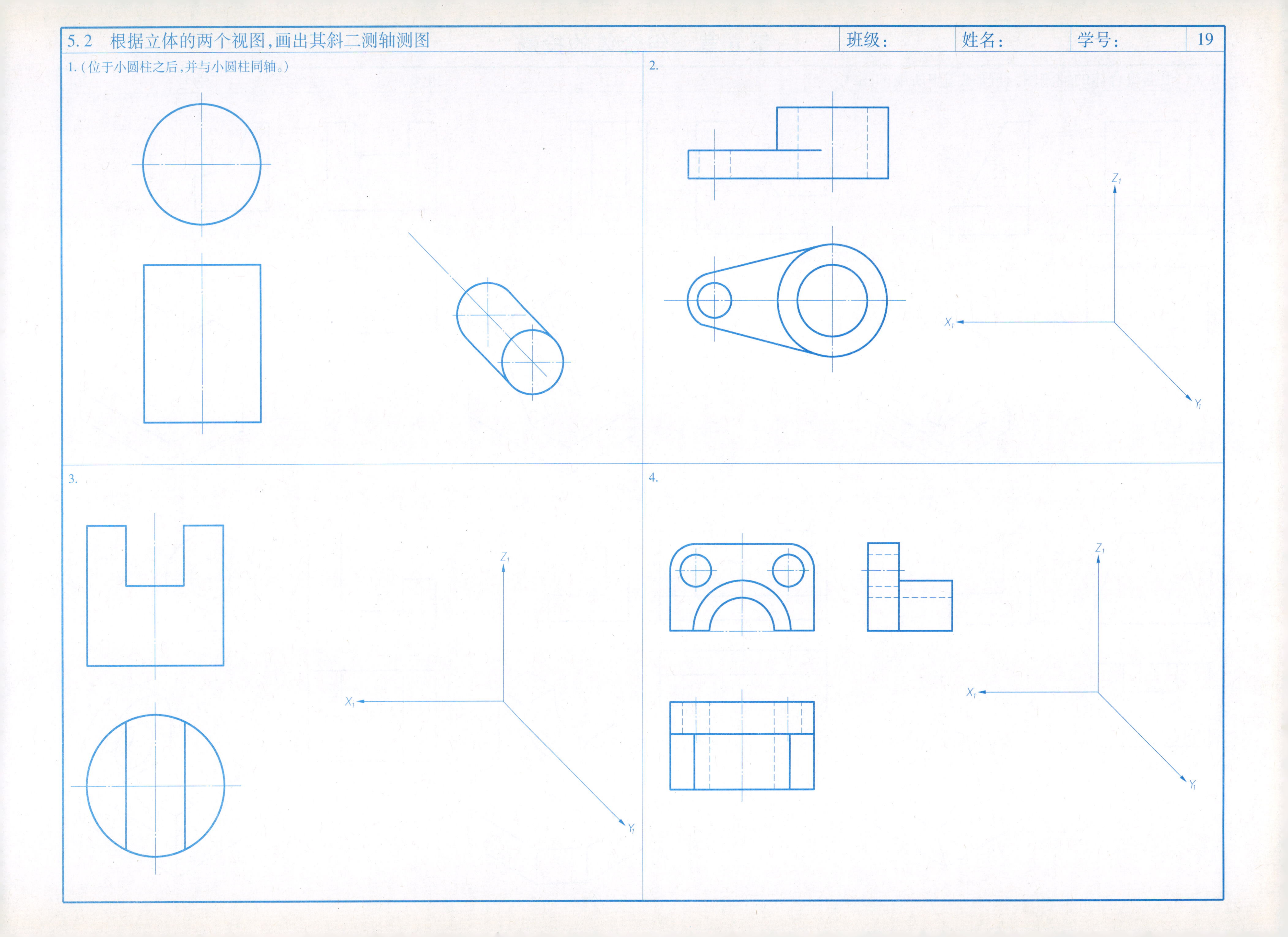
5.2 根据立体的两个视图，画出其斜二测轴测图
班级：
姓名：
学号：
19
1.（位于小圆柱之后，并与小圆柱同轴。）
2.
Z1
X1
Y1
3.
Z1
X1
Y1
4.
Z1
X1
Y1

第 6 章　组合体的投影

6.1　根据组合体的轴测图，补画视图中所缺的图线	班级：	姓名：	学号：	20

1.

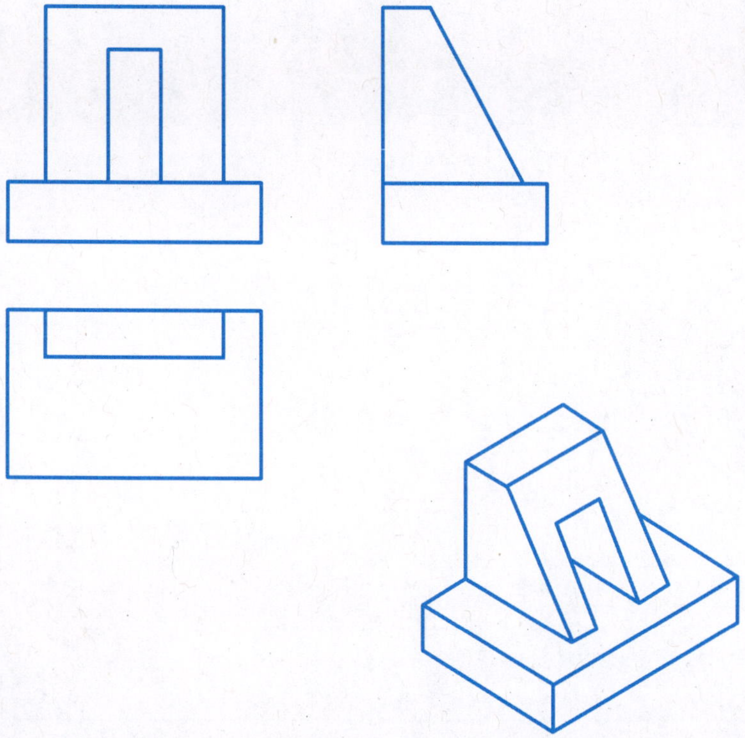

2.

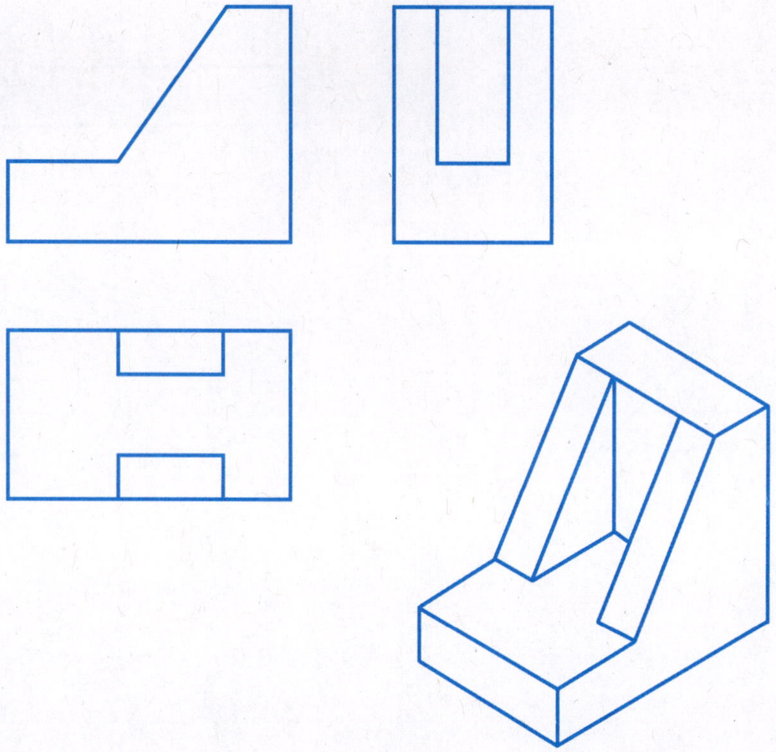

3.

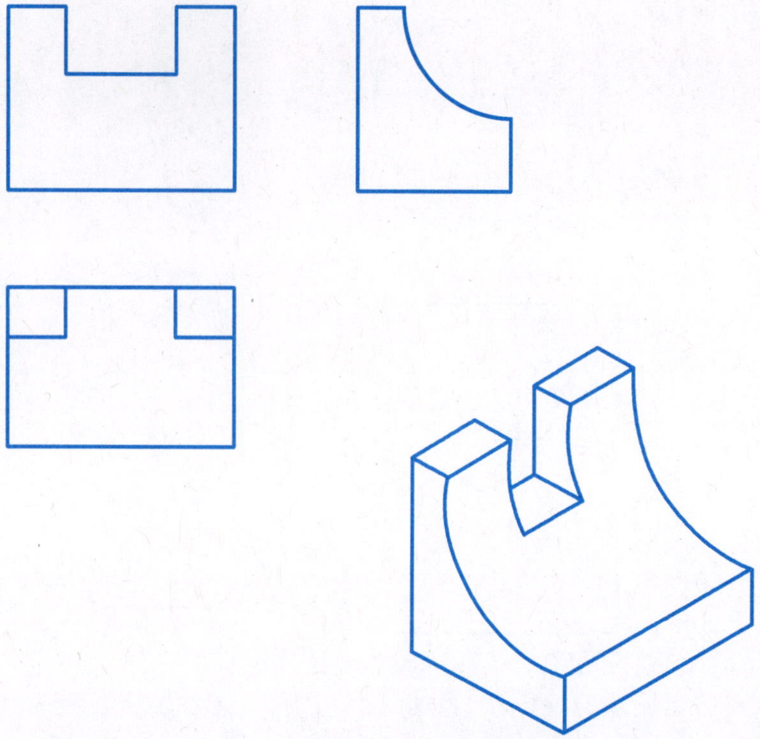

4.

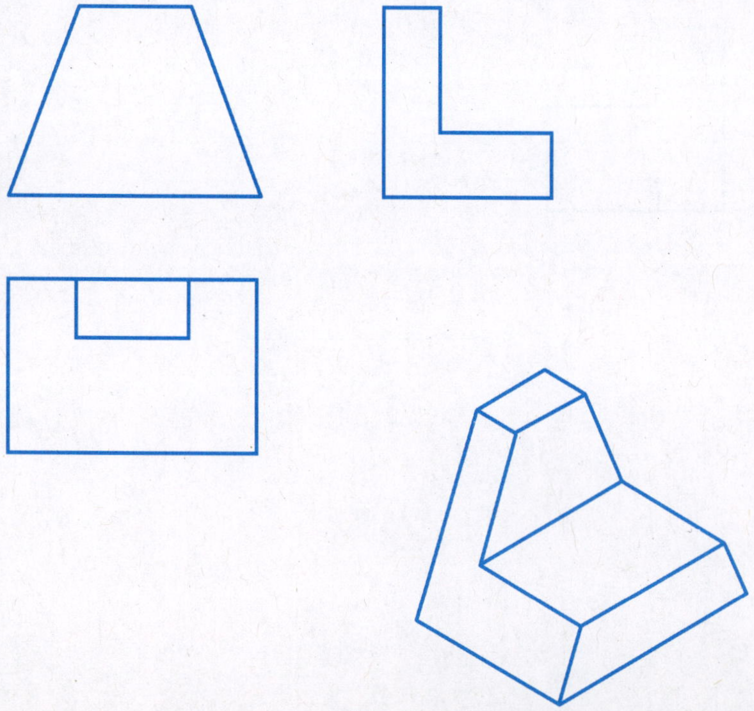

5.

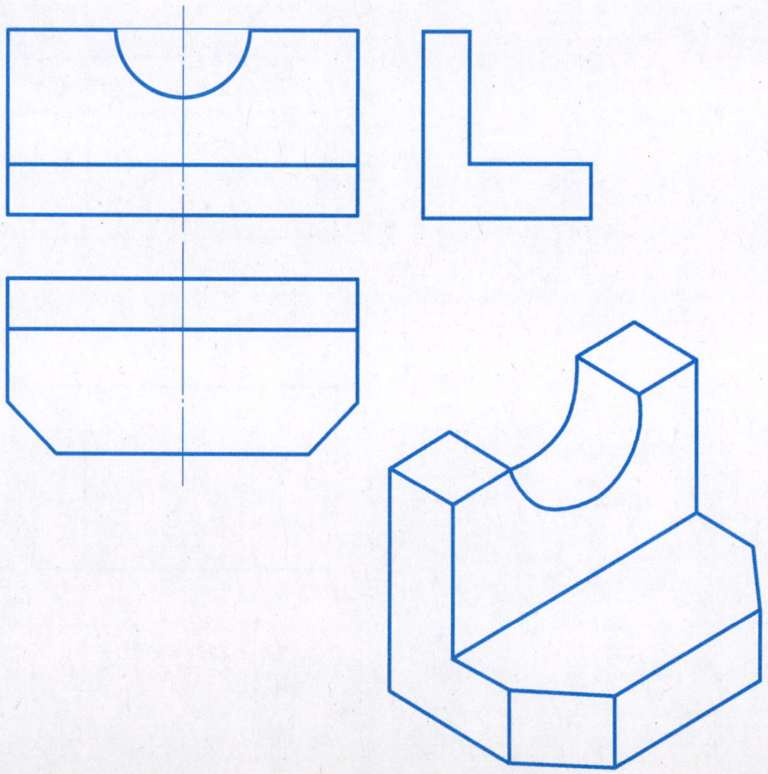

6.

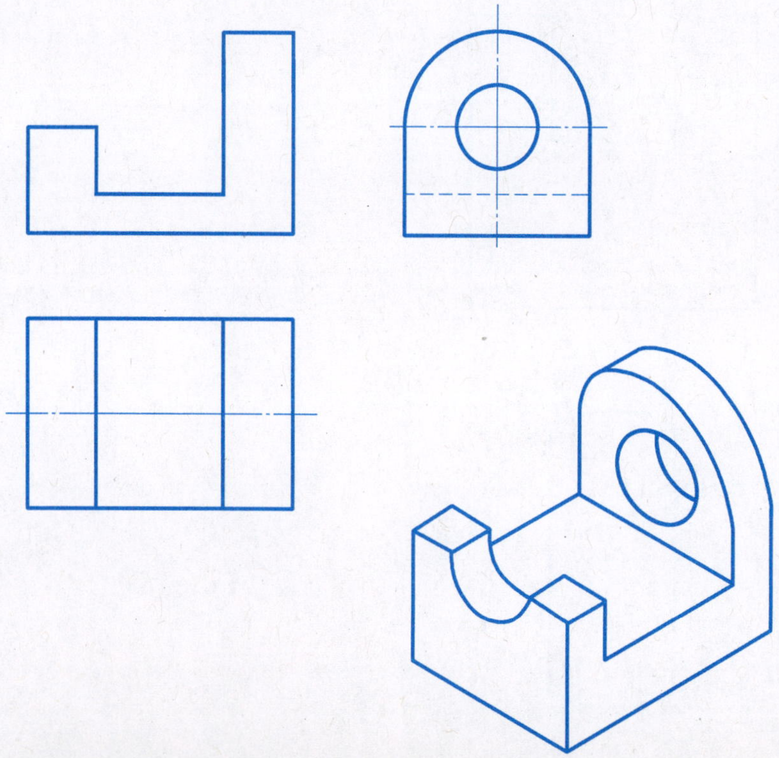

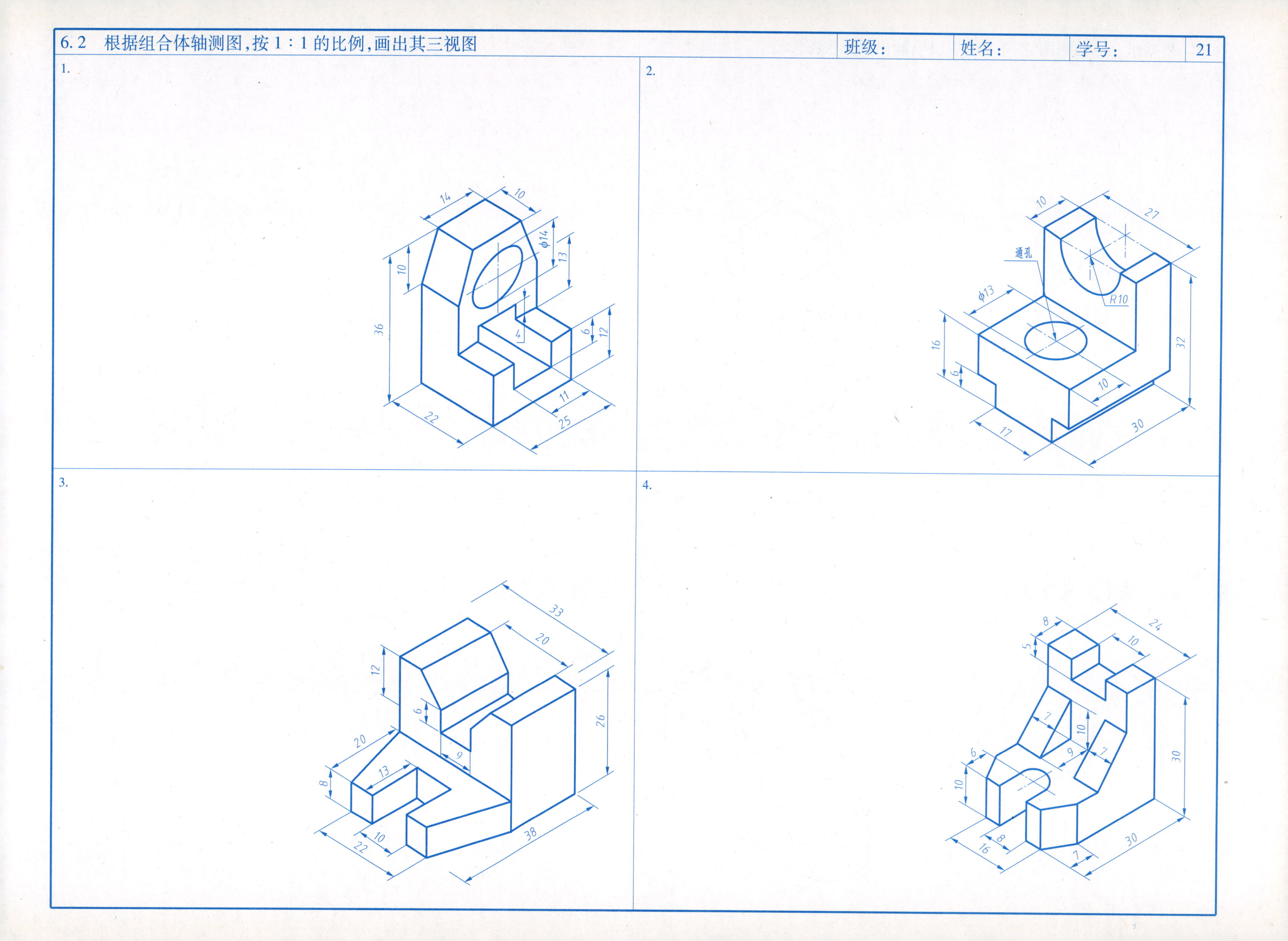

1.
14
10
ϕ14
13
10
36
4
6
12
11
22
25
2.
10
27
通孔
ϕ13
R10
16
6
32
10
17
30
3.
33
20
12
26
6
20
9
13
8
10
22
38
4.
8
24
5
10
7
10
9
7
6
10
30
8
16
7
30

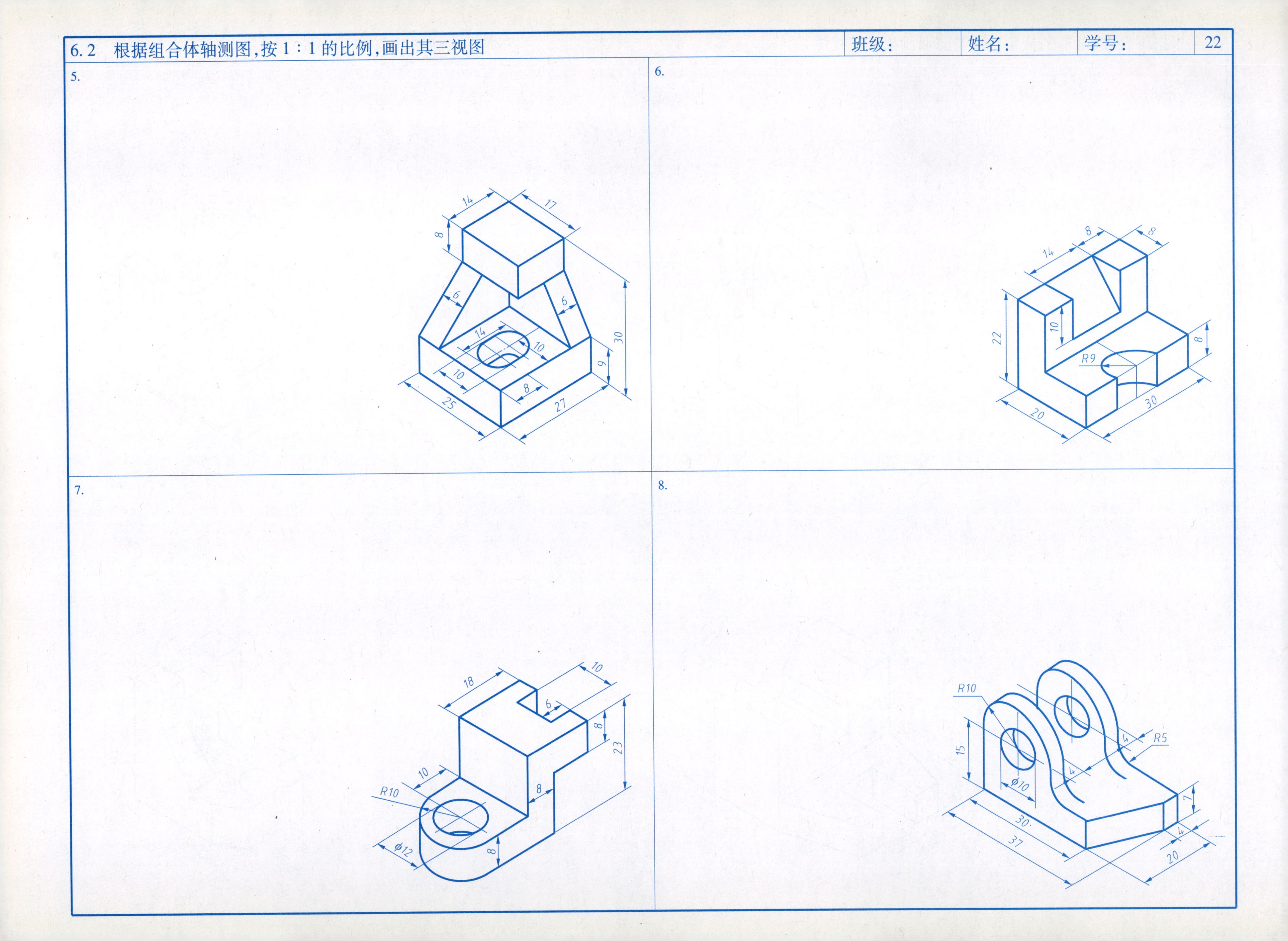
6.2 根据组合体轴测图，按1：1的比例，画出其三视图
班级：
姓名：
学号：
22
5.
14
17
8
6
6
14
10
10
8
9
30
25
27
6.
8
8
14
10
22
R9
8
20
30
7.
10
18
6
8
23
10
R10
8
φ12
8
8.
R10
15
φ10
4
4
R5
7
30
37
4
20

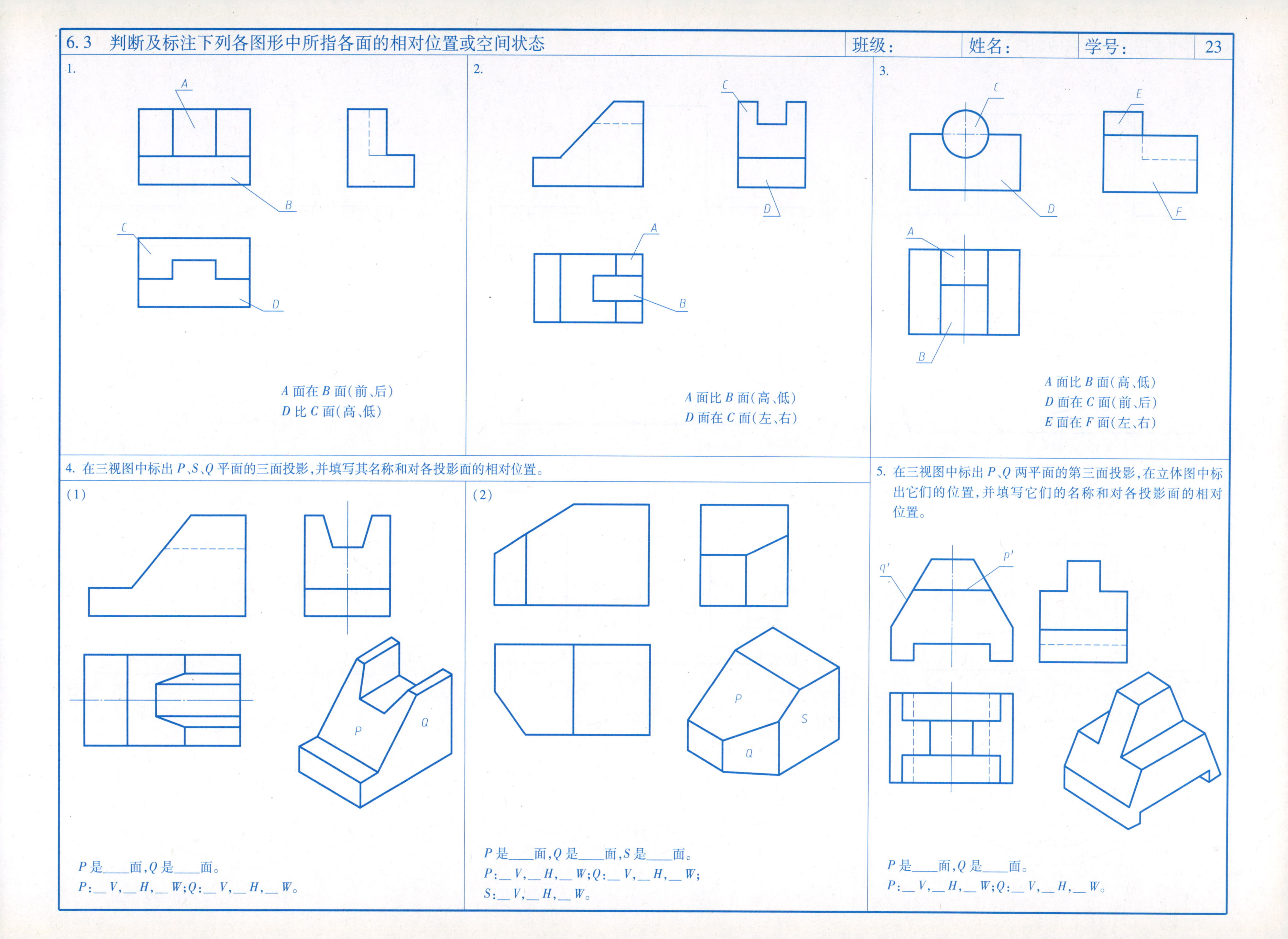
6.3 判断及标注下列各图形中所指各面的相对位置或空间状态
班级：
姓名：
学号：
23
1.
A
B
C
D
A 面在 B 面(前、后)
D 比 C 面(高、低)
2.
C
D
A
B
A 面比 B 面(高、低)
D 面在 C 面(左、右)
3.
C
E
D
F
A
B
A 面比 B 面(高、低)
D 面在 C 面(前、后)
E 面在 F 面(左、右)
4. 在三视图中标出 P、S、Q 平面的三面投影，并填写其名称和对各投影面的相对位置。
(1)
P
Q
P 是____面，Q 是____面。
P：__V，__H，__W；Q：__V，__H，__W。
(2)
P
S
Q
P 是____面，Q 是____面，S 是____面。
P：__V，__H，__W；Q：__V，__H，__W；
S：__V，__H，__W。
5. 在三视图中标出 P、Q 两平面的第三面投影，在立体图中标出它们的位置，并填写它们的名称和对各投影面的相对位置。
q′
p′
P 是____面，Q 是____面。
P：__V，__H，__W；Q：__V，__H，__W。

6.4 补画视图中所缺的图线

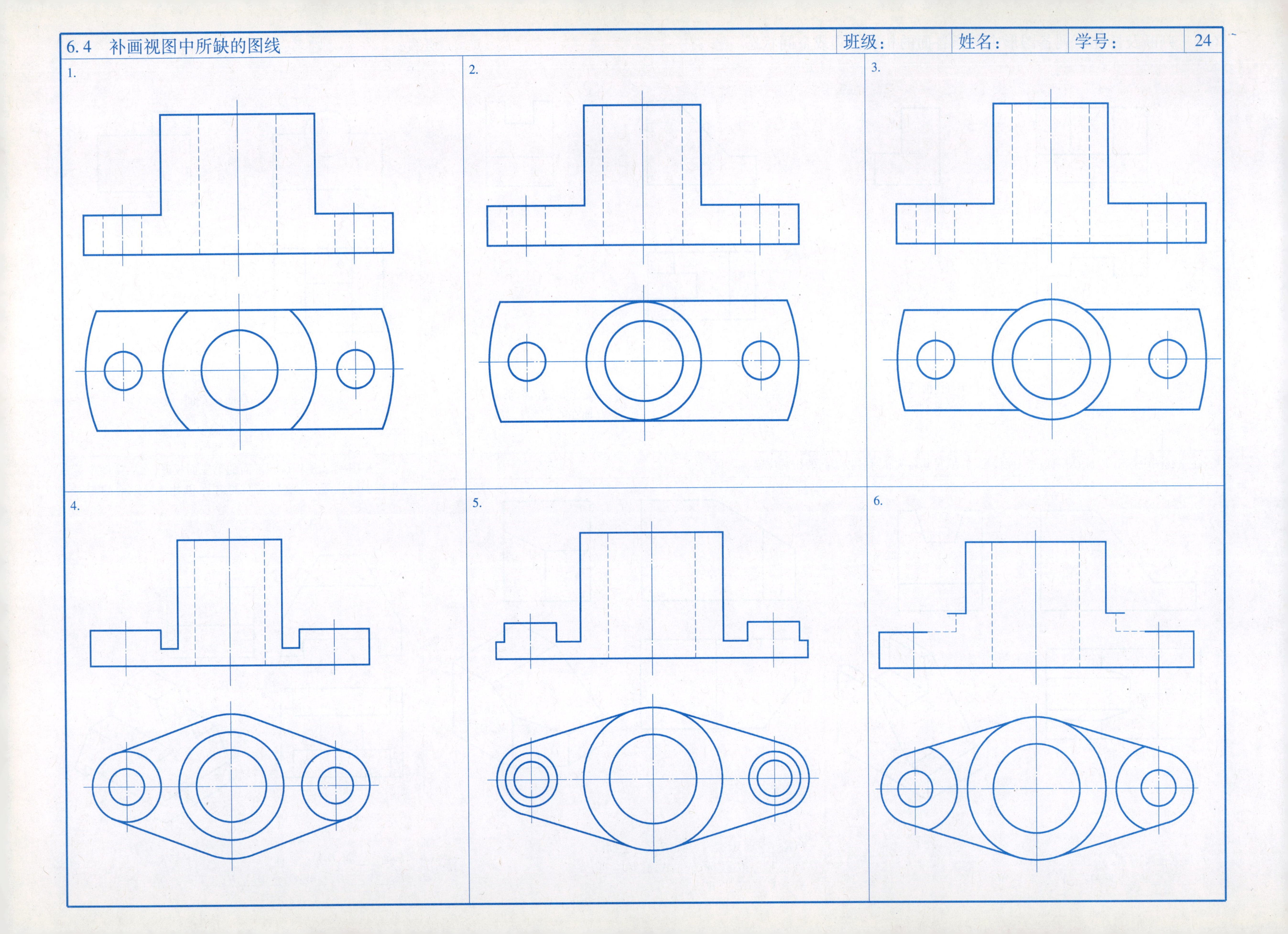

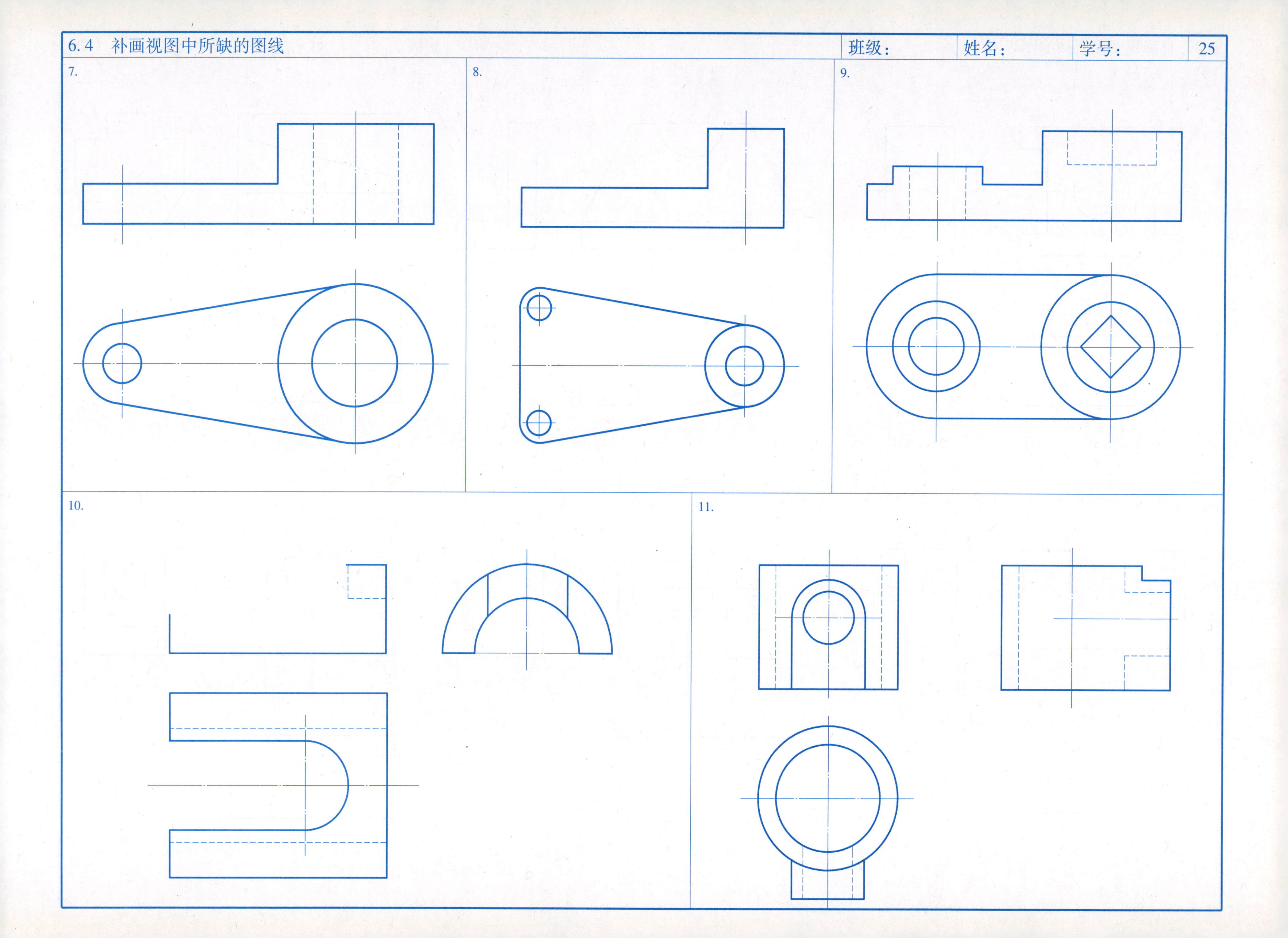
7.
8.
9.
10.
11.

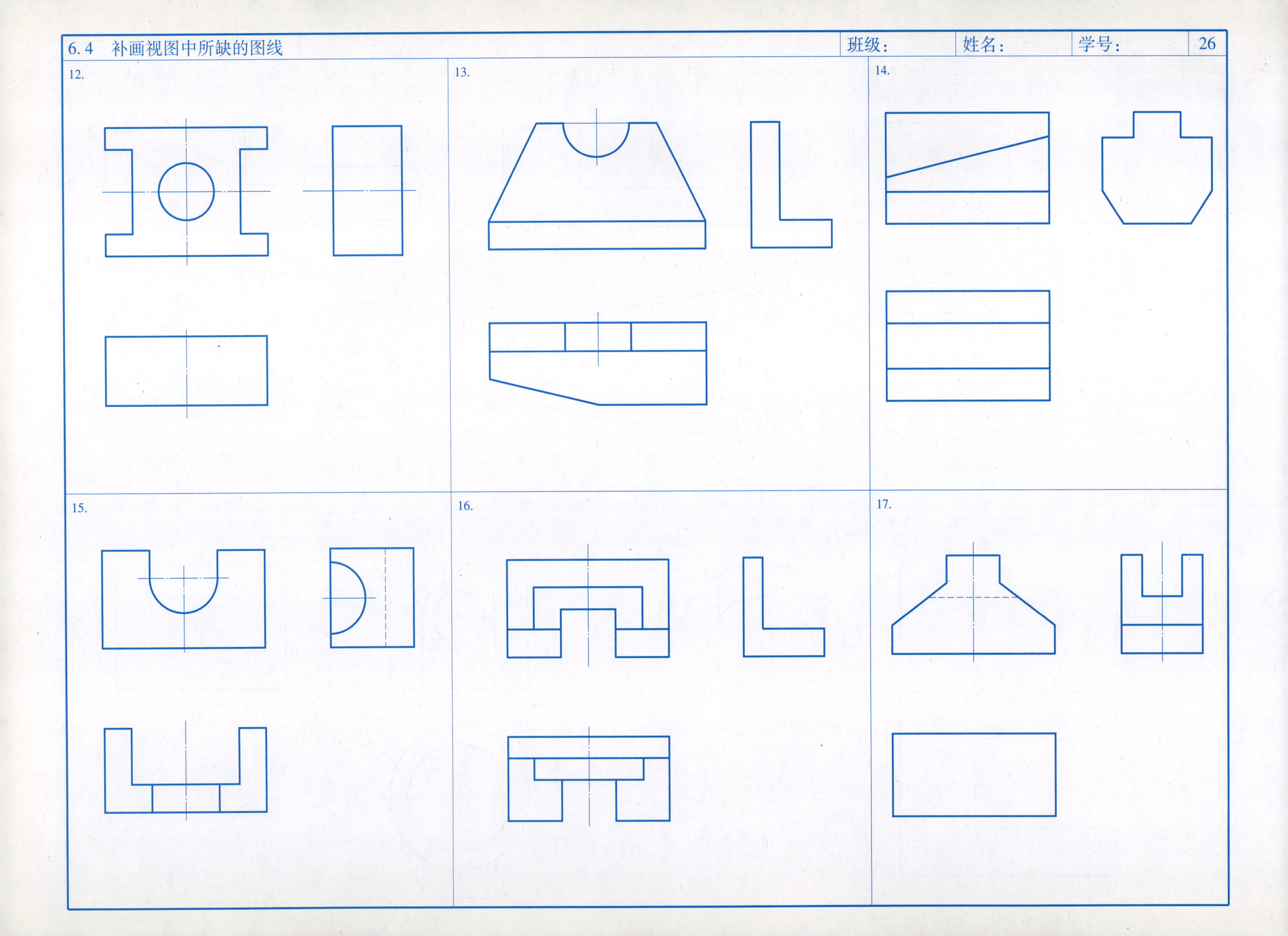
12.
13.
14.
15.
16.
17.

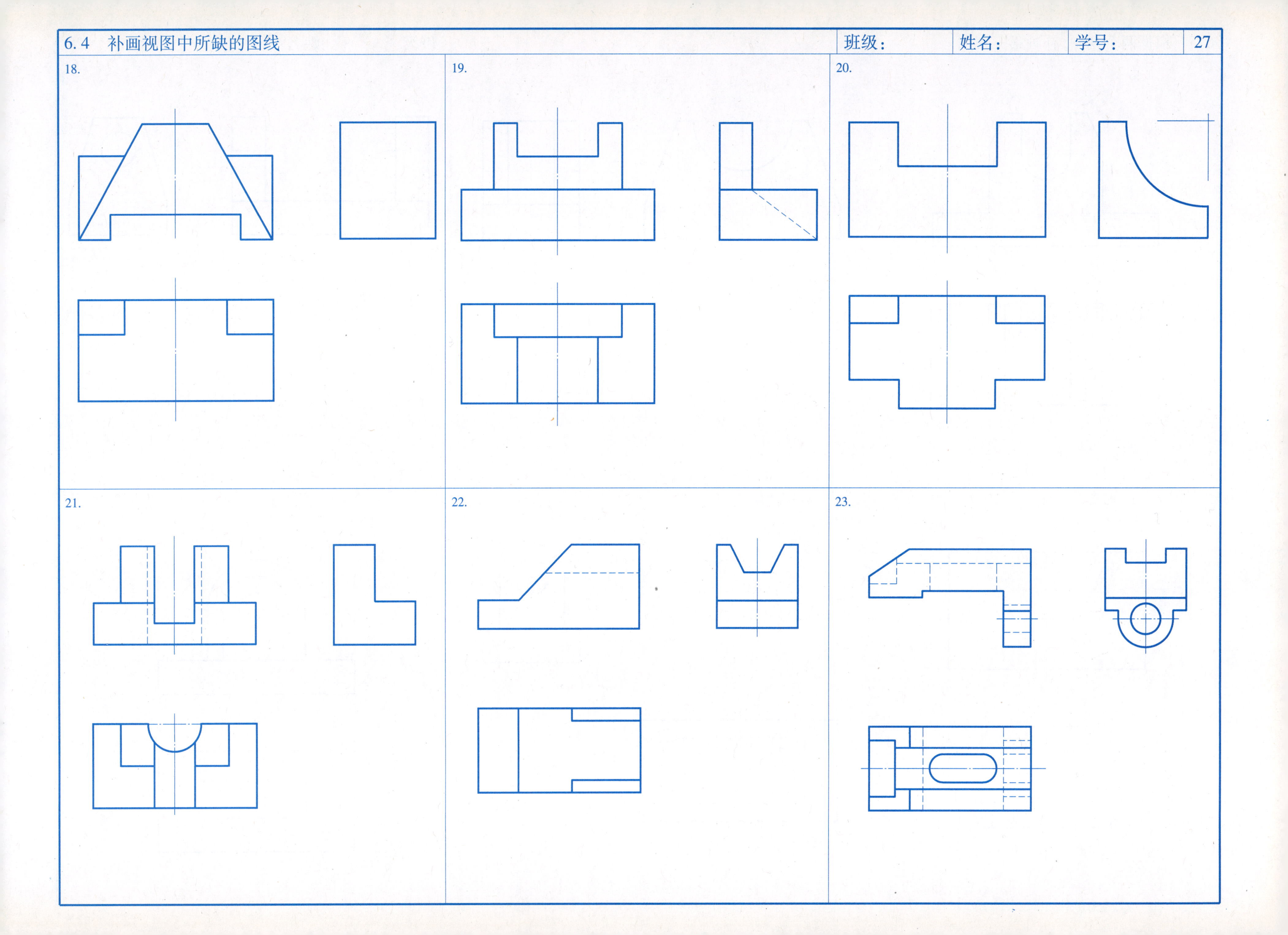
18.
19.
20.
21.
22.
23.

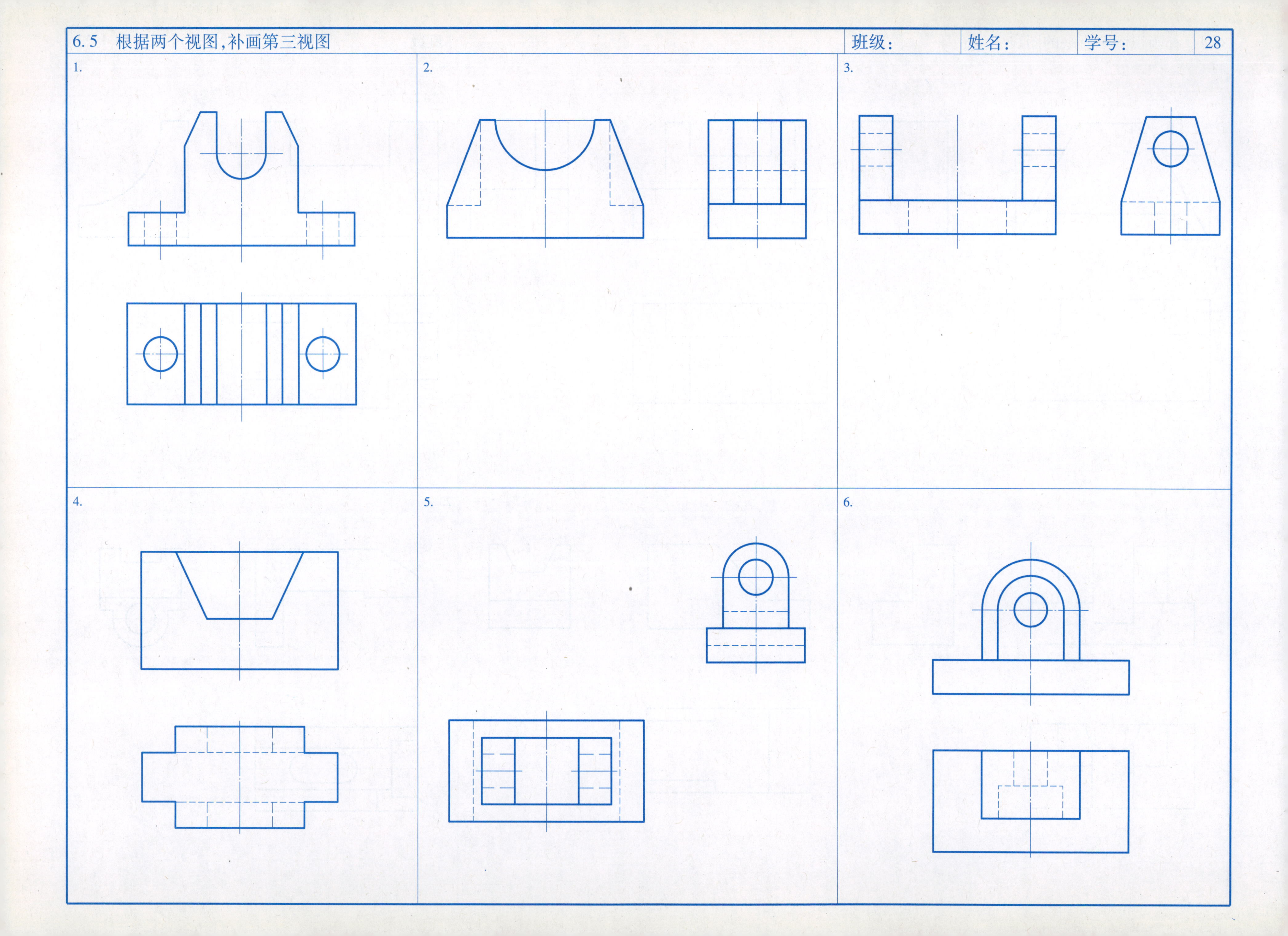
1.
2.
3.
4.
5.
6.

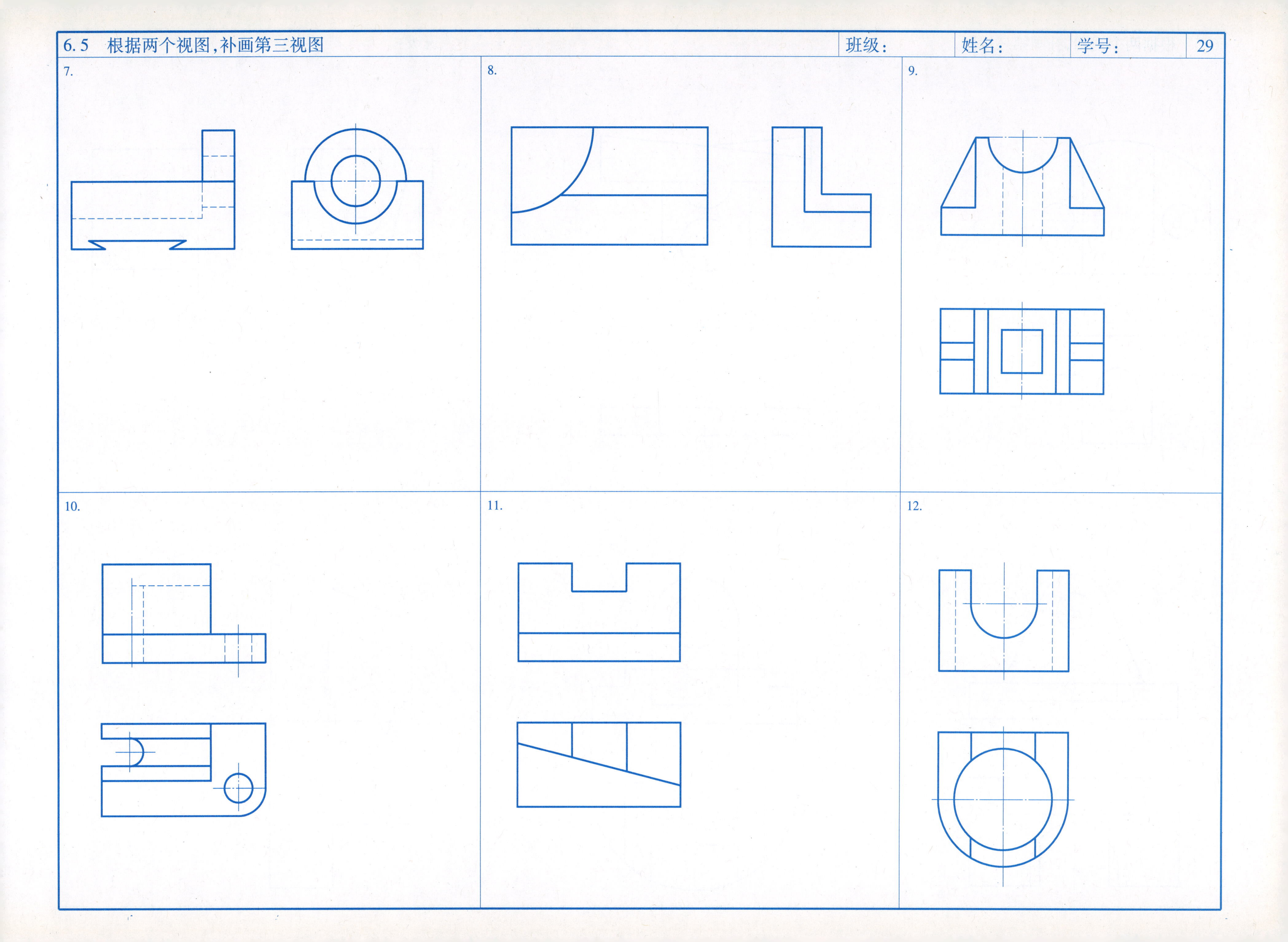
7.
8.
9.
10.
11.
12.

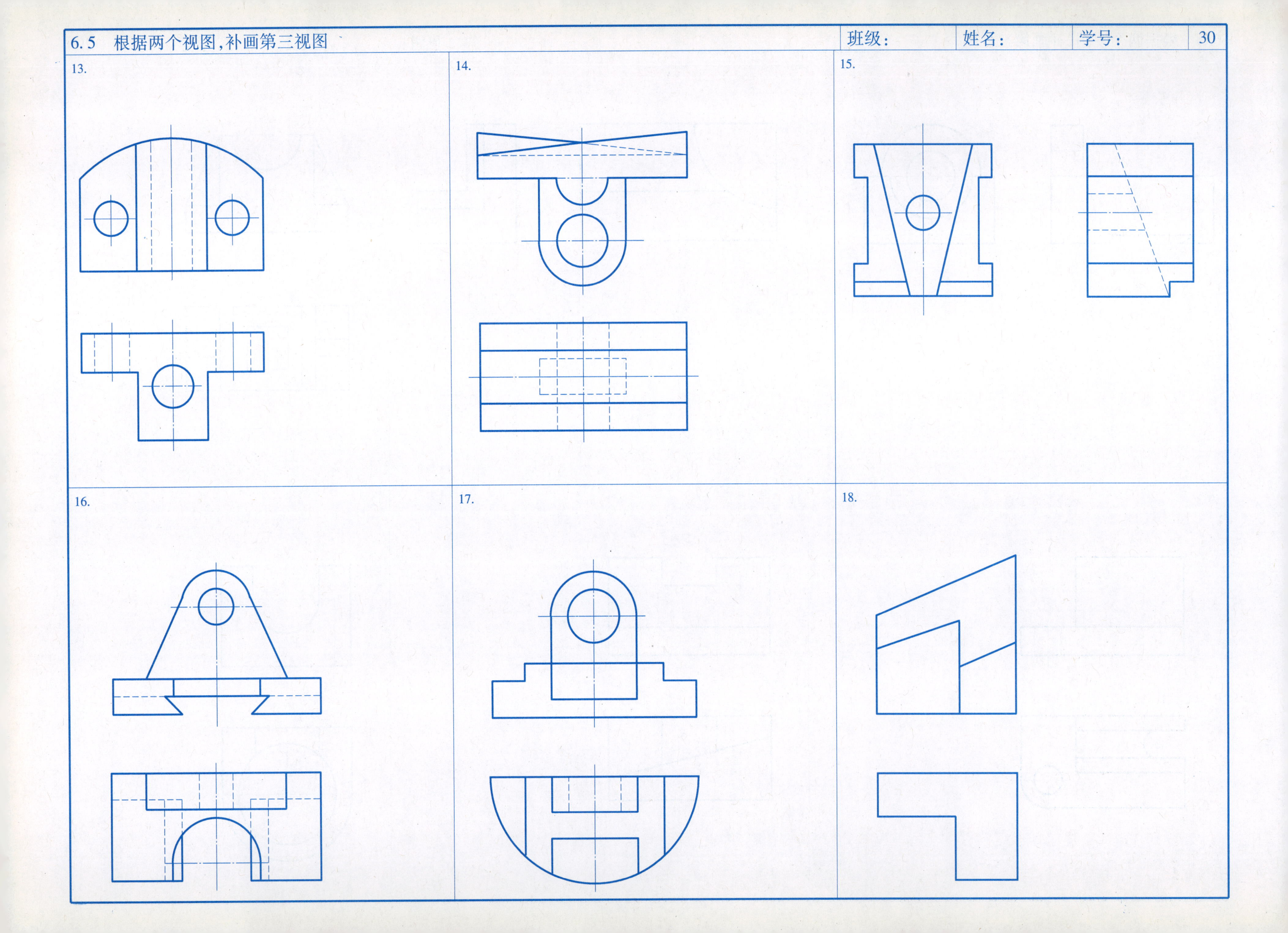
13.
14.
15.
16.
17.
18.

6.6 标注组合体的尺寸(尺寸数字按 1:1 比例从图中量取(取整)) 班级: 姓名: 学号:

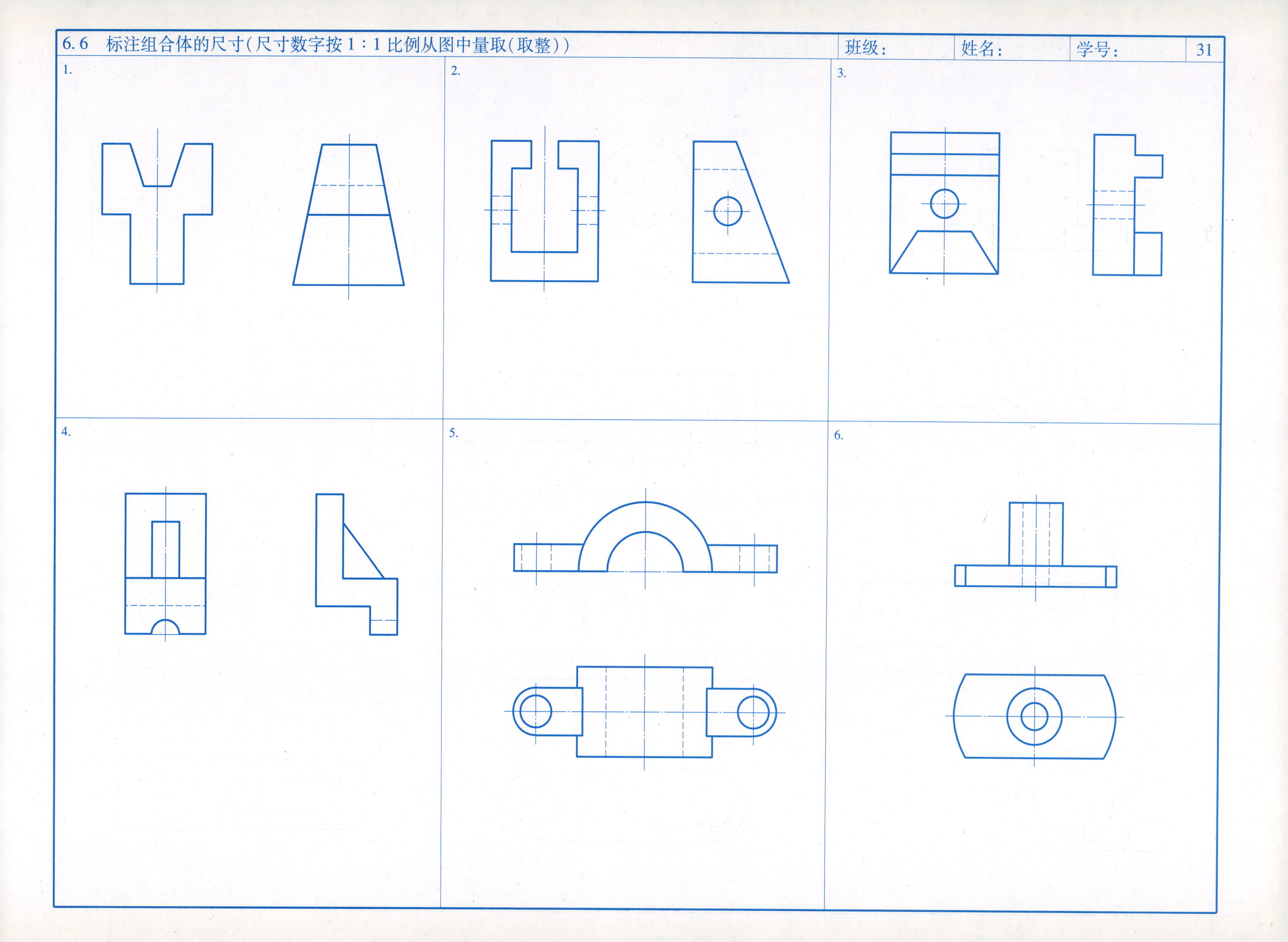

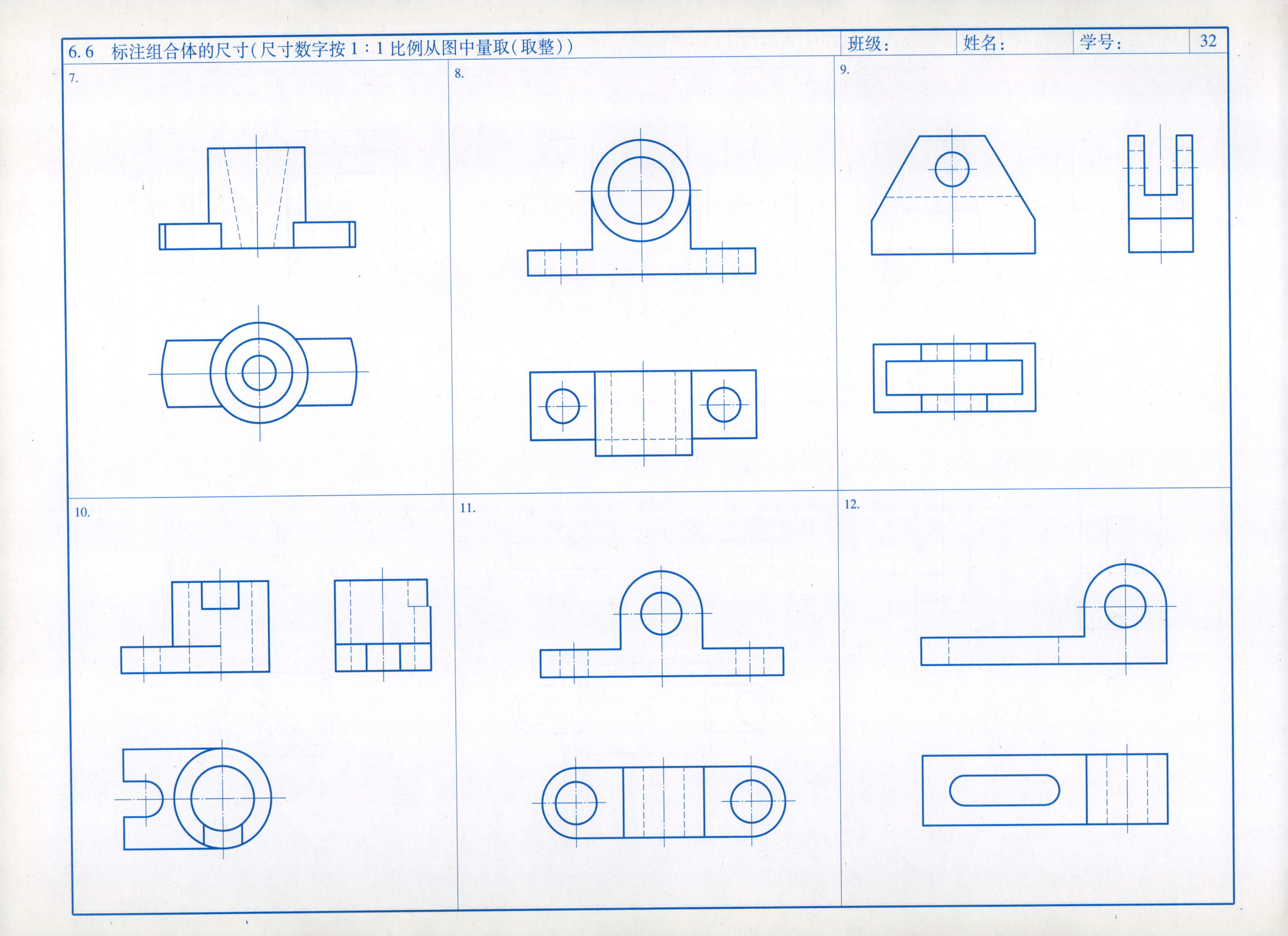
7.
8.
9.
10.
11.
12.

7.1　视图	班级：	姓名：	学号：	33

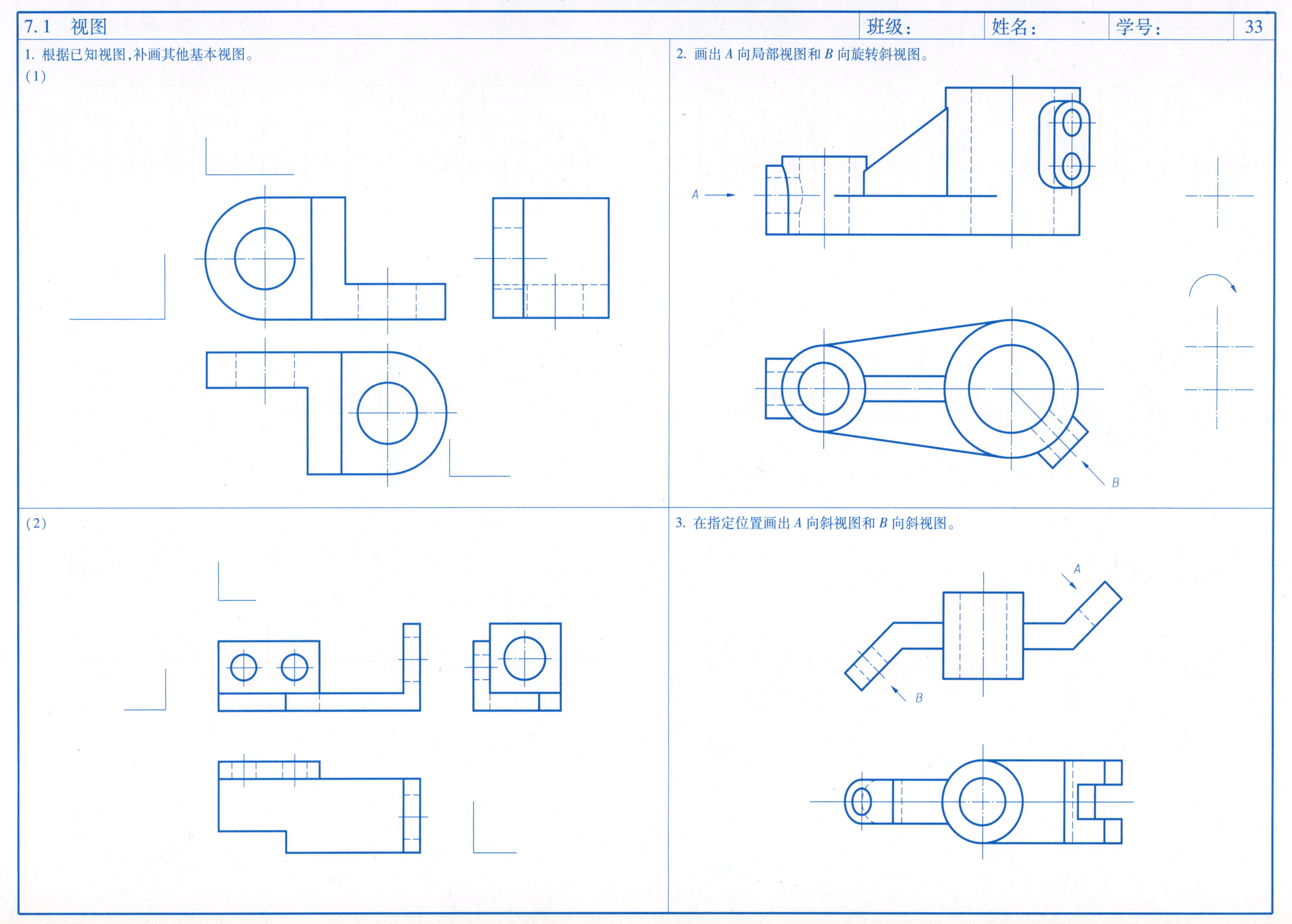

1. 补画剖视图中所缺的图线和剖面线。

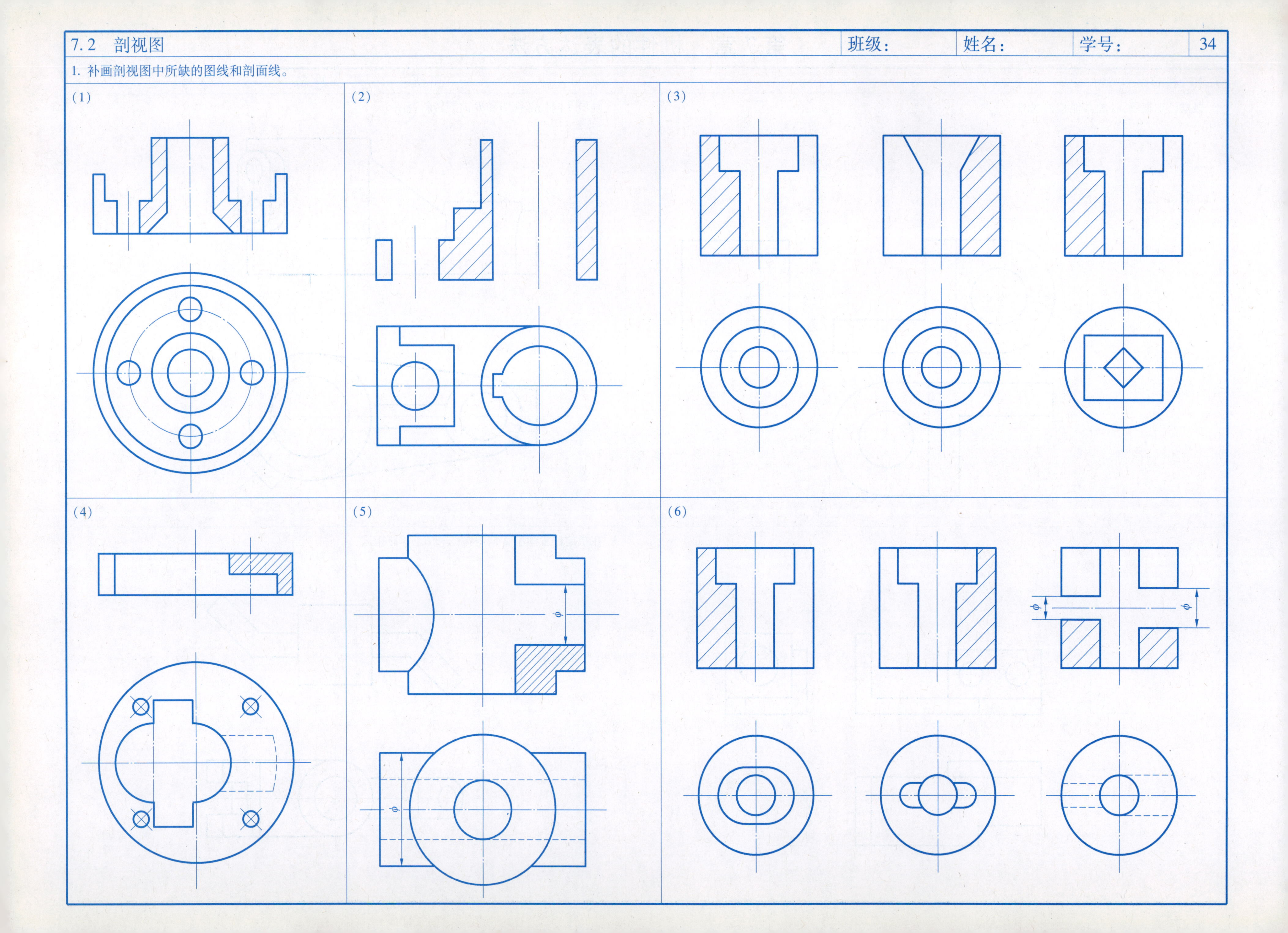

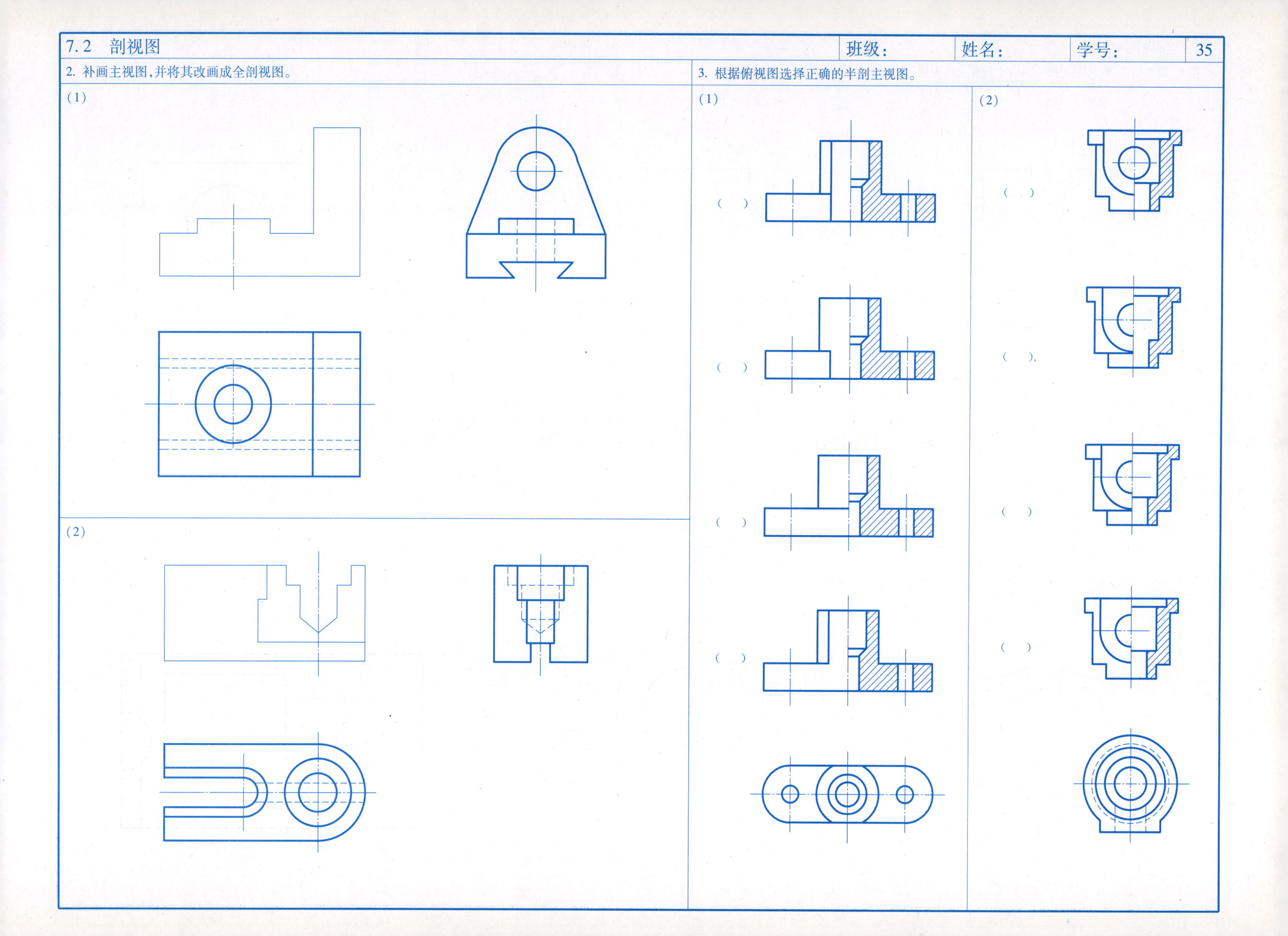
2. 补画主视图，并将其改画成全剖视图。
(1)
(2)
3. 根据俯视图选择正确的半剖主视图。
(1)
(　)
(　)
(　)
(　)
(2)
(　)
(　)
(　)
(　)

4. 在主、俯视图中间，将主视图改画成半剖或全剖视图，并加标注。

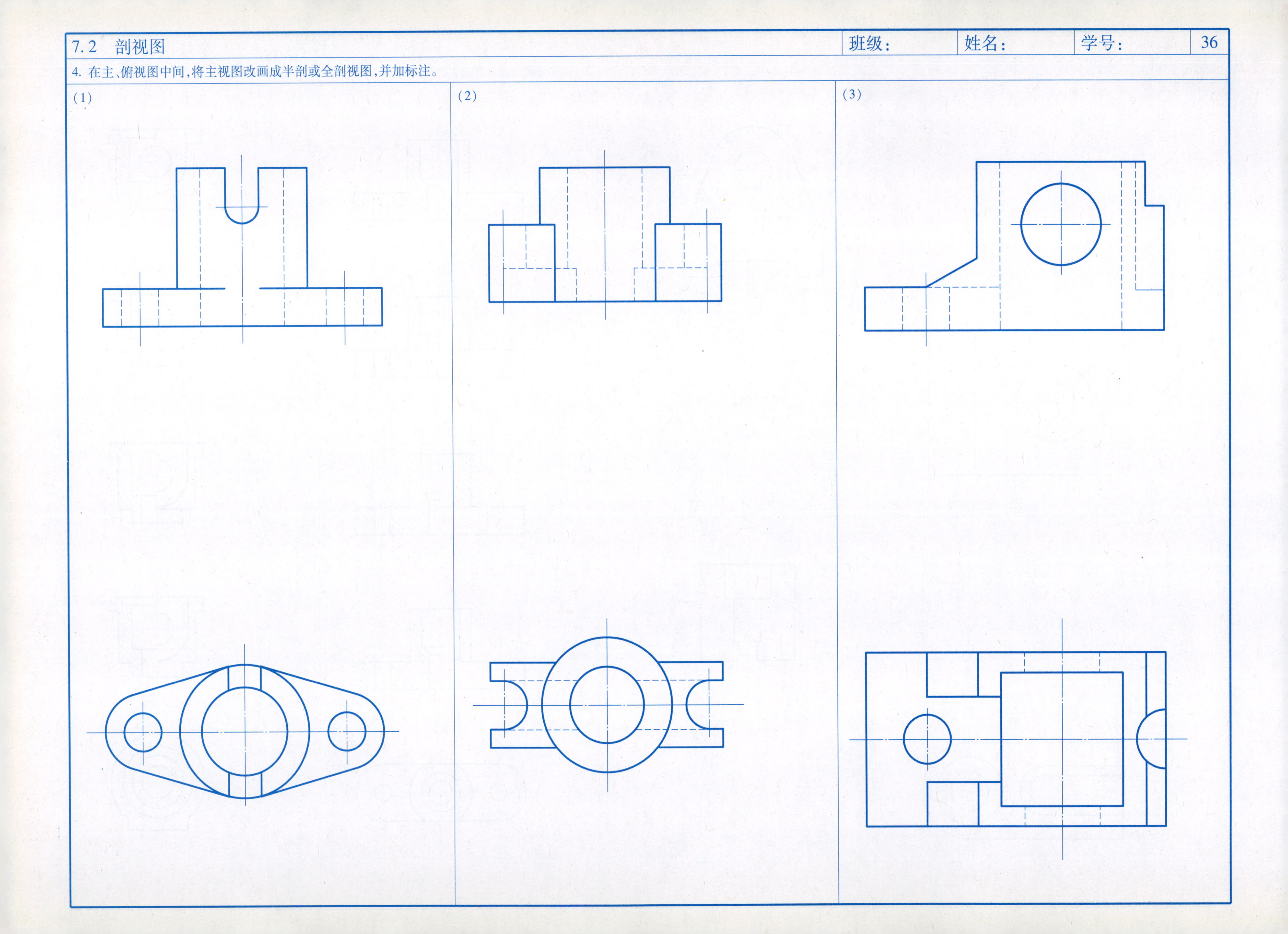

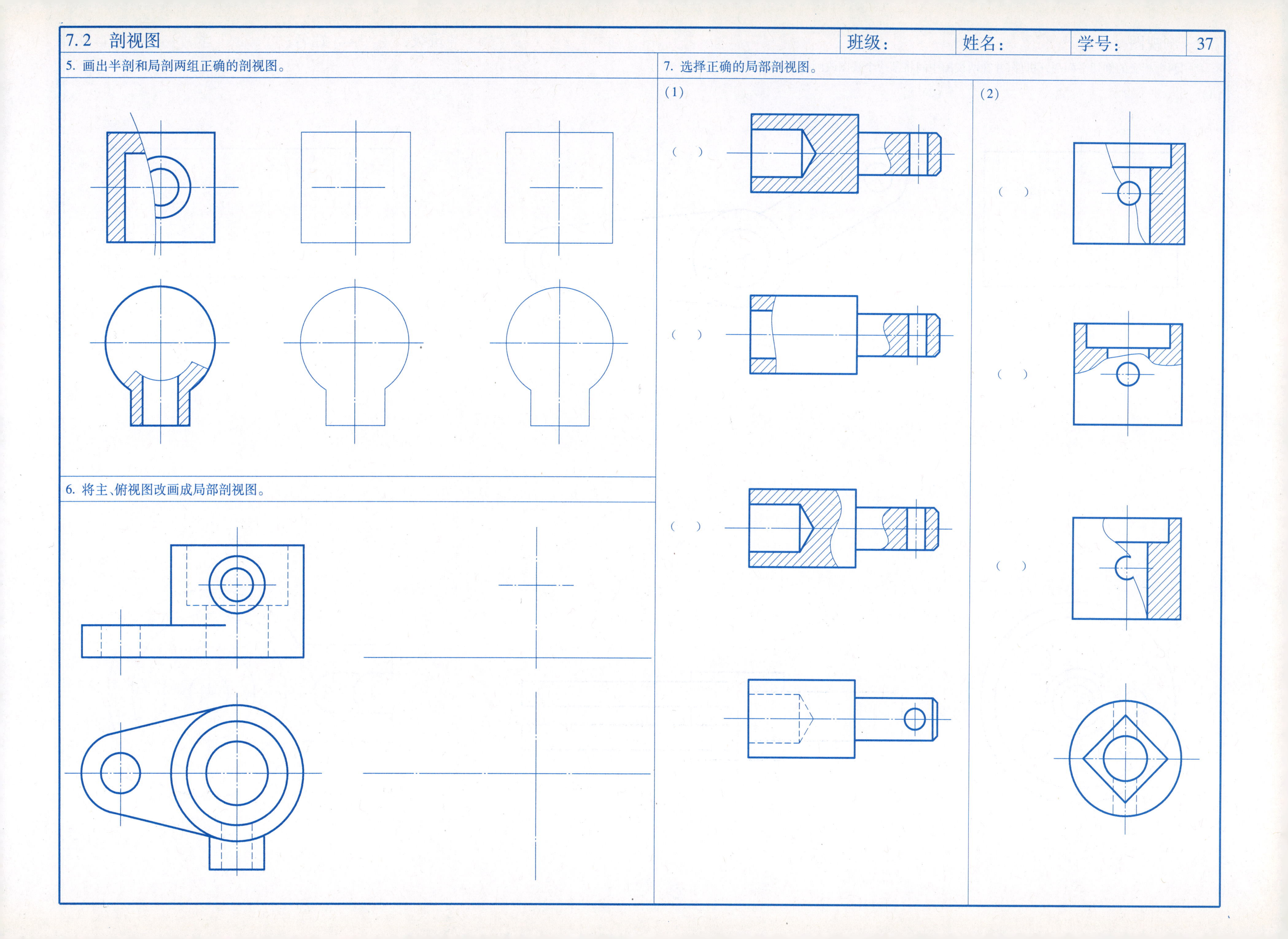
5. 画出半剖和局部剖两组正确的剖视图。
6. 将主、俯视图改画成局部剖视图。
7. 选择正确的局部剖视图。
(1)
(2)
( )
( )
( )
( )
( )
( )

8. 利用两个相交的剖切平面剖开机件，并在两视图中间将某一个视图改画成全剖视图。

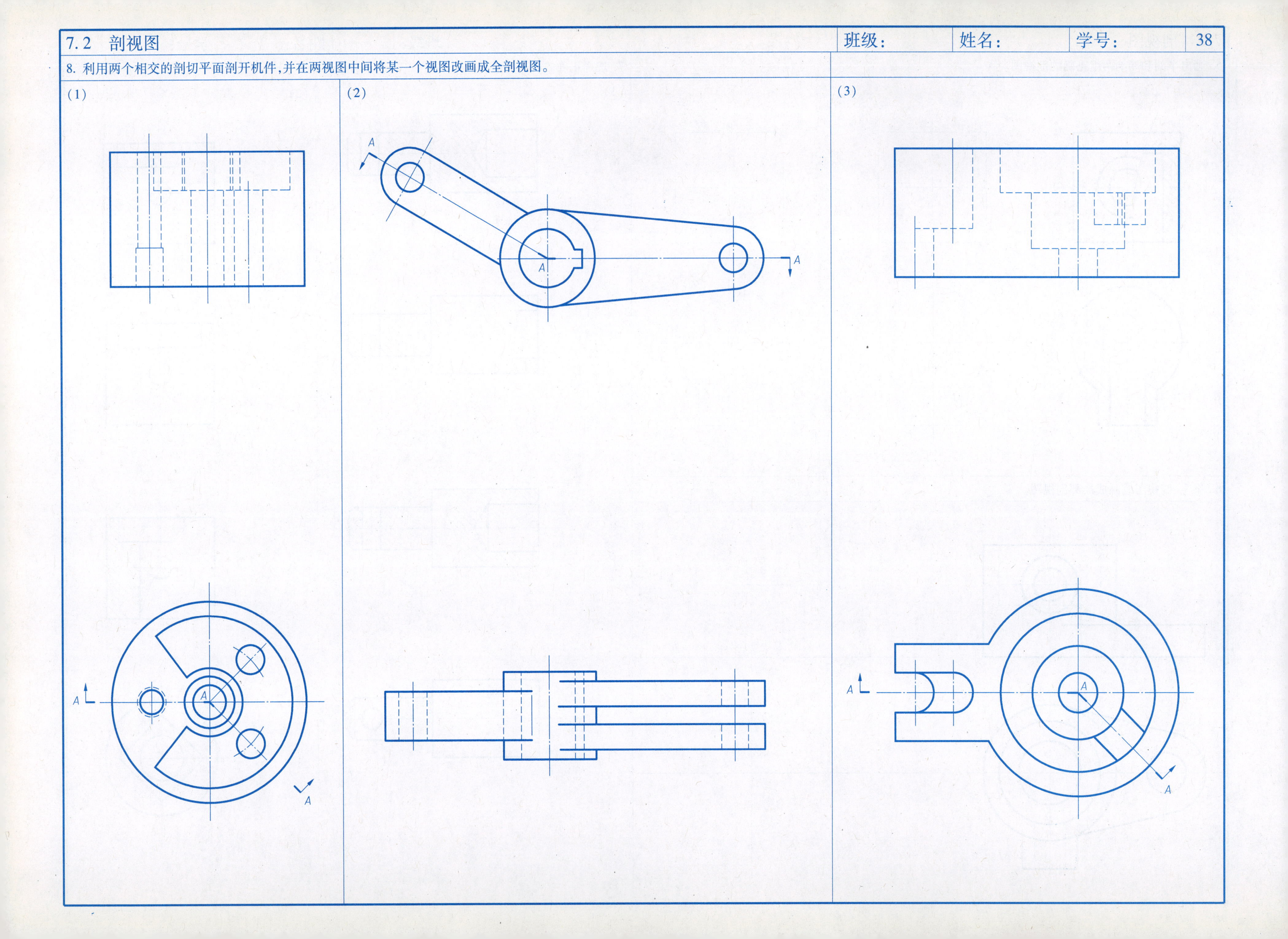

9. 在两视图中间，用适当的剖切方法将主视图改画成剖视图，并标注剖切符号、投射方向和名称。

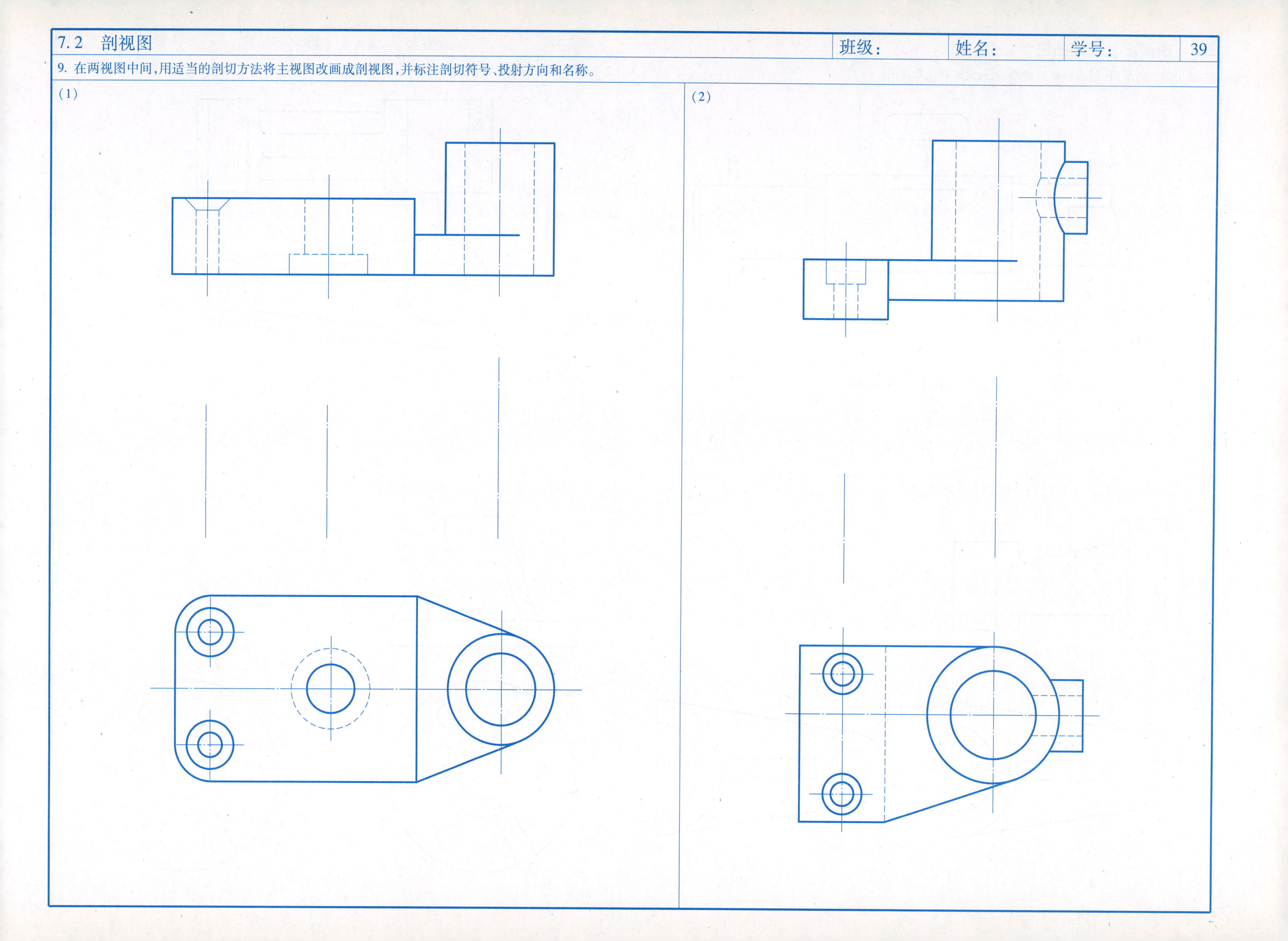

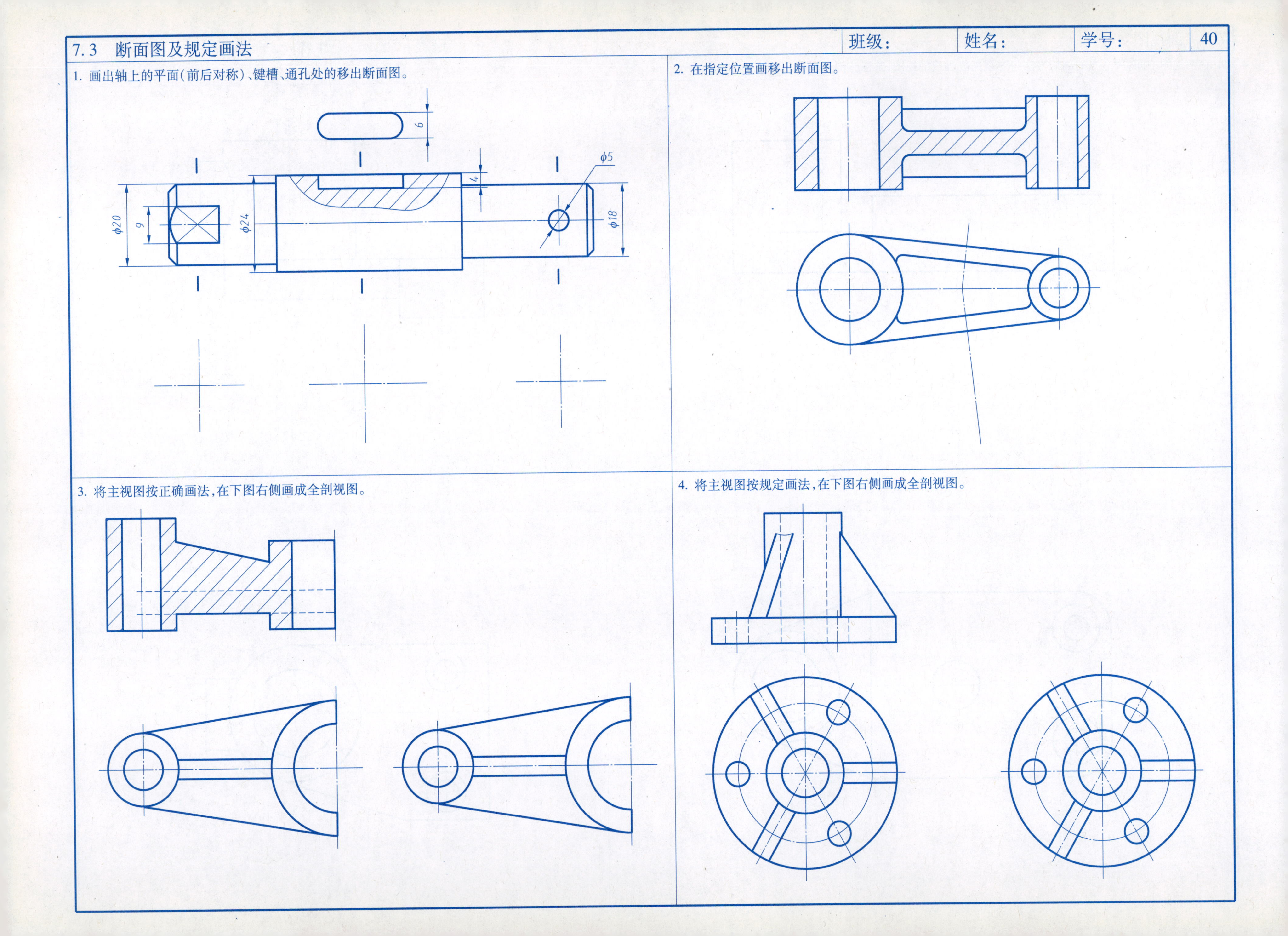
1. 画出轴上的平面（前后对称）、键槽、通孔处的移出断面图。
6
4
ϕ5
ϕ20
9
ϕ24
ϕ18
2. 在指定位置画移出断面图。
3. 将主视图按正确画法，在下图右侧画成全剖视图。
4. 将主视图按规定画法，在下图右侧画成全剖视图。

第8章　常用机件的特殊表示法

8.1　螺纹及螺纹紧固件

班级：　　姓名：　　学号：　　

1. 分析已知视图的错误，将正确的表达画在指定位置。

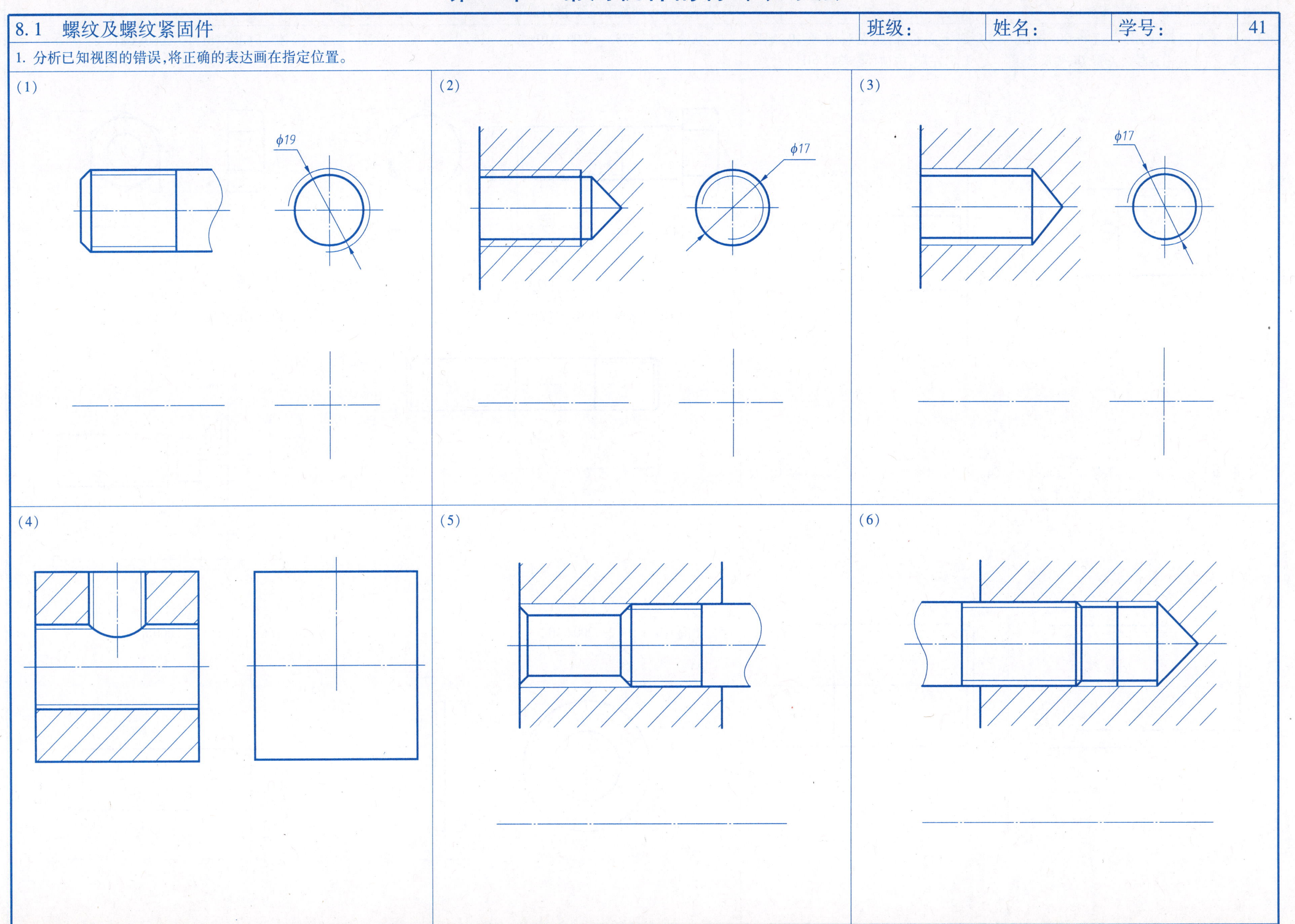

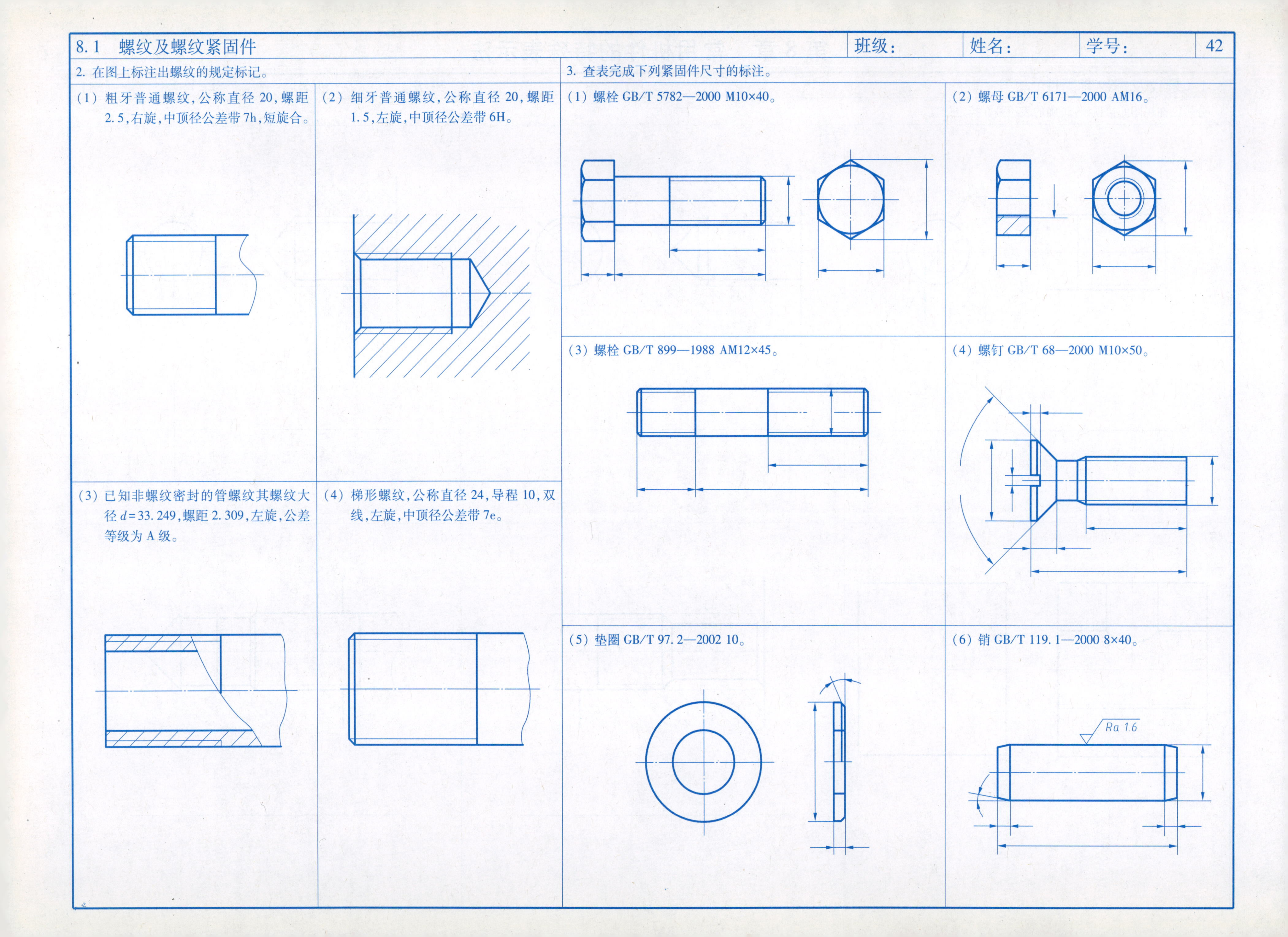

2. 在图上标注出螺纹的规定标记。
(1) 粗牙普通螺纹,公称直径 20,螺距 2.5,右旋,中顶径公差带 7h,短旋合。
(2) 细牙普通螺纹,公称直径 20,螺距 1.5,左旋,中顶径公差带 6H。
(3) 已知非螺纹密封的管螺纹其螺纹大径 d=33.249,螺距 2.309,左旋,公差等级为 A 级。
(4) 梯形螺纹,公称直径 24,导程 10,双线,左旋,中顶径公差带 7e。
3. 查表完成下列紧固件尺寸的标注。
(1) 螺栓 GB/T 5782—2000 M10×40。
(2) 螺母 GB/T 6171—2000 AM16。
(3) 螺栓 GB/T 899—1988 AM12×45。
(4) 螺钉 GB/T 68—2000 M10×50。
(5) 垫圈 GB/T 97.2—2002 10。
(6) 销 GB/T 119.1—2000 8×40。
Ra 1.6

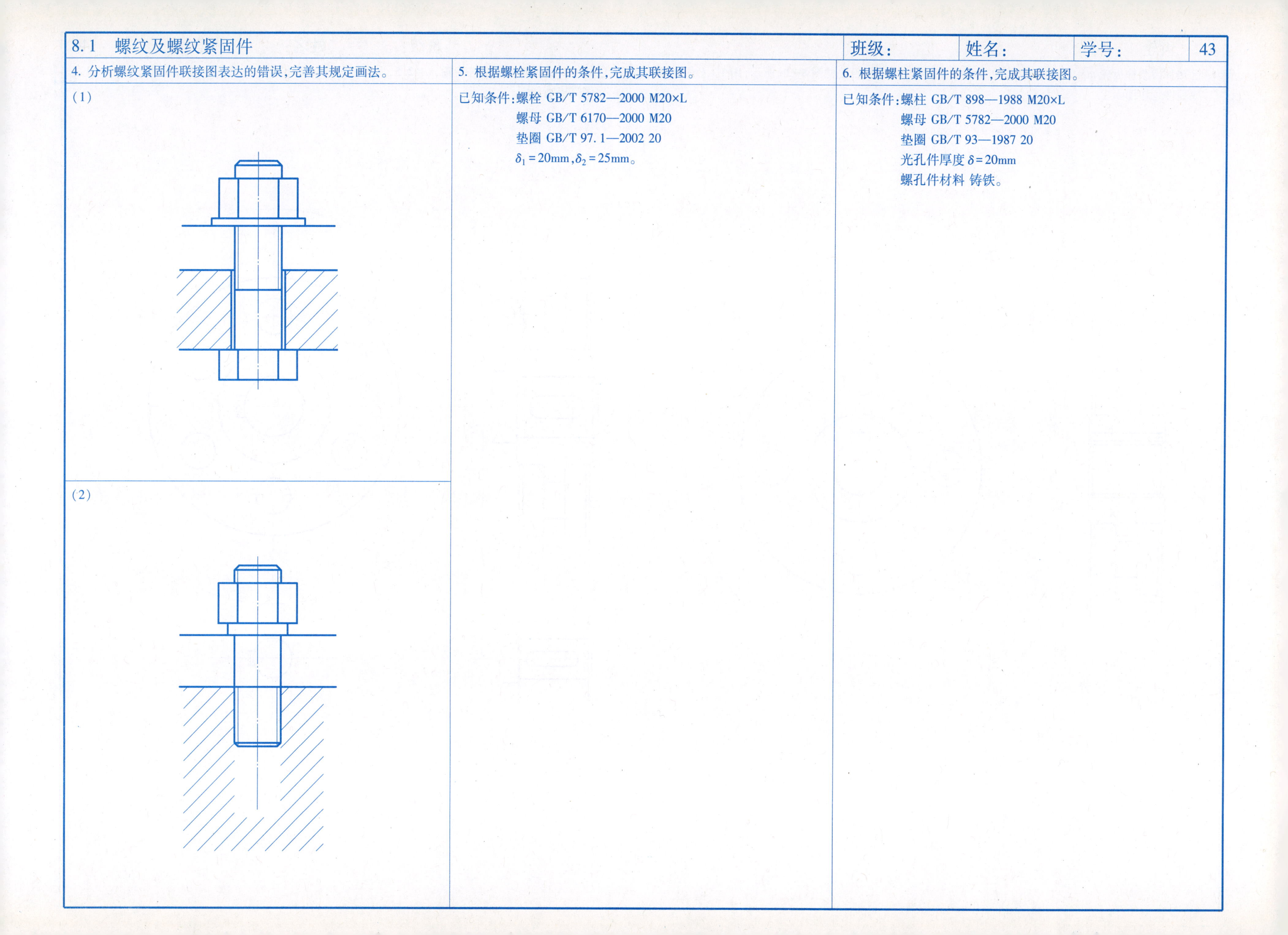

4. 分析螺纹紧固件联接图表达的错误，完善其规定画法。

(1)

(2)

5. 根据螺栓紧固件的条件，完成其联接图。

已知条件：螺栓 GB/T 5782—2000 M20×L
螺母 GB/T 6170—2000 M20
垫圈 GB/T 97.1—2002 20
$\delta_1 = 20\text{mm}, \delta_2 = 25\text{mm}$。

6. 根据螺柱紧固件的条件，完成其联接图。

已知条件：螺柱 GB/T 898—1988 M20×L
螺母 GB/T 5782—2000 M20
垫圈 GB/T 93—1987 20
光孔件厚度 $\delta = 20\text{mm}$
螺孔件材料 铸铁。

1. 已知直齿圆柱齿轮 $m=2.5$，$z=40$，齿轮端部倒角 $c=2.5$，试参照教材图 8-26 所示，用 1：1 的比例，完成零件工作图。

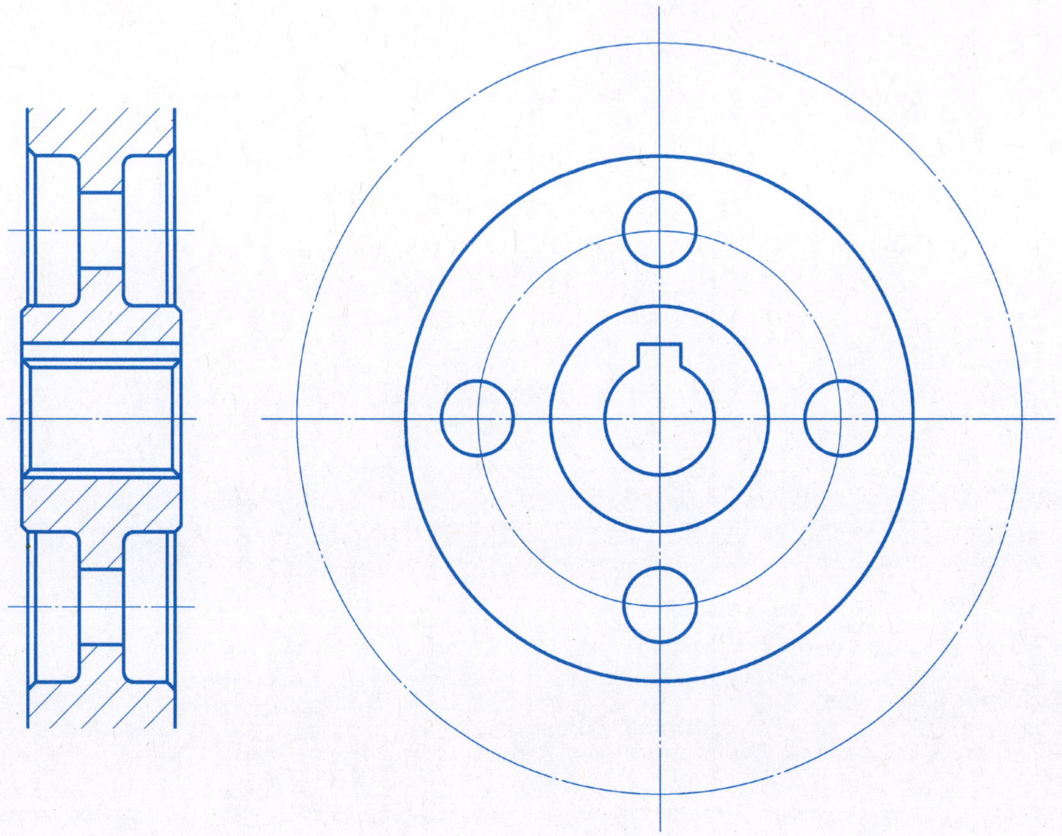

2. 已知一对直齿啮合的圆柱齿轮，$m=2.5$，大齿轮 $z=44$，试计算大、小齿轮的基本尺寸，并用 1：1 的比例完成啮合图。

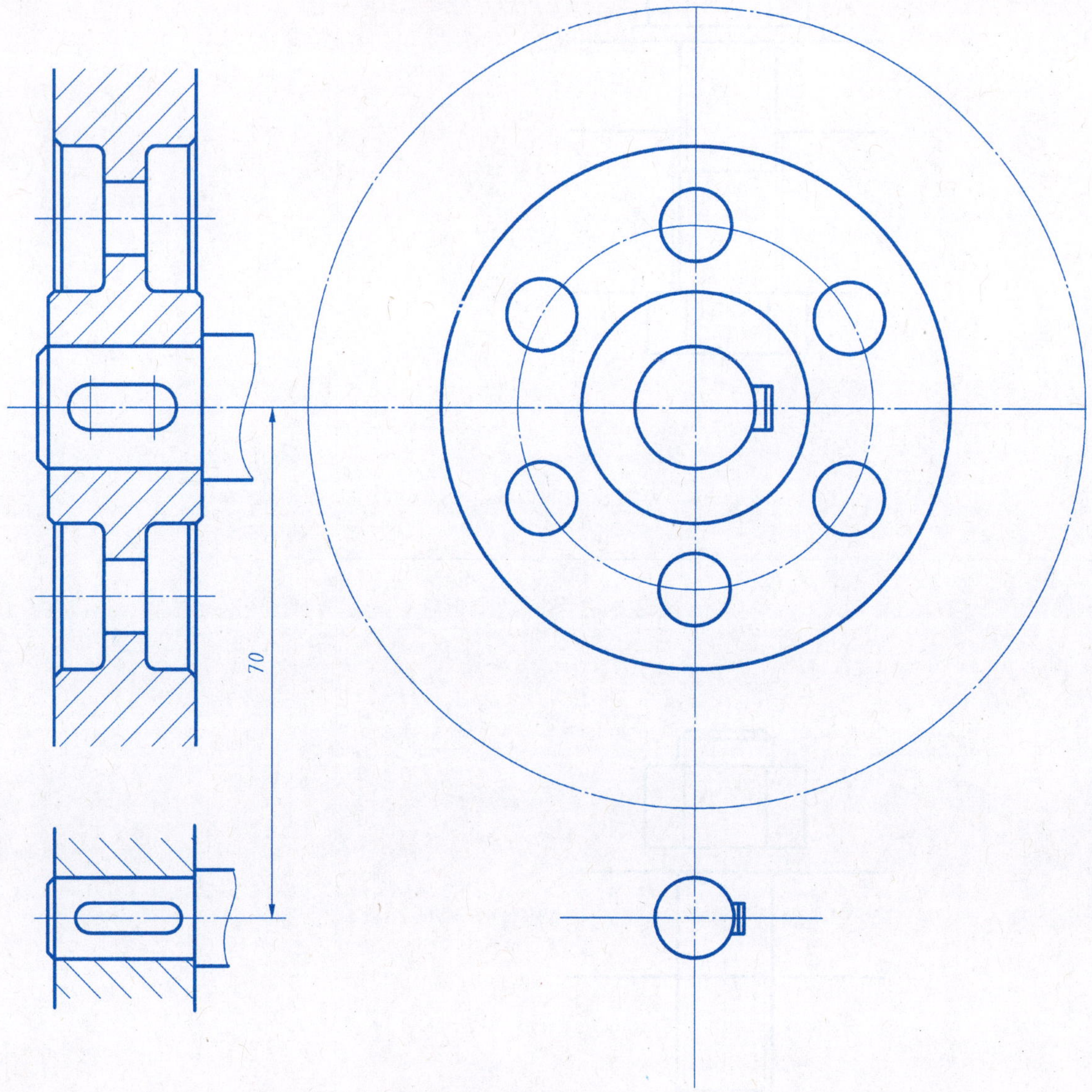

70

1. 已知轴和齿轮,用 A 型普通平键联接。轴孔直径为 $\phi25$,键的长度为 25。

(1) 查表确定键的尺寸,写出键的规定标记:________________。

(2) 查表确定键槽的尺寸,按 1∶1 的比例补画轴和轮上的键槽结构。

(3) 用键将轴和齿轮联接起来,补全其联接图形。

2. 画出 $d=6$,A 型圆锥销联接图,写出该销的标记:

3. 画出 $d=5$,B 型圆柱销联接图,写出该销的标记:

4. 根据滚动轴承的标记,查表确定有关尺寸,用规定画法,按 1∶1 的比例绘制滚动轴承的另一半详细图形。

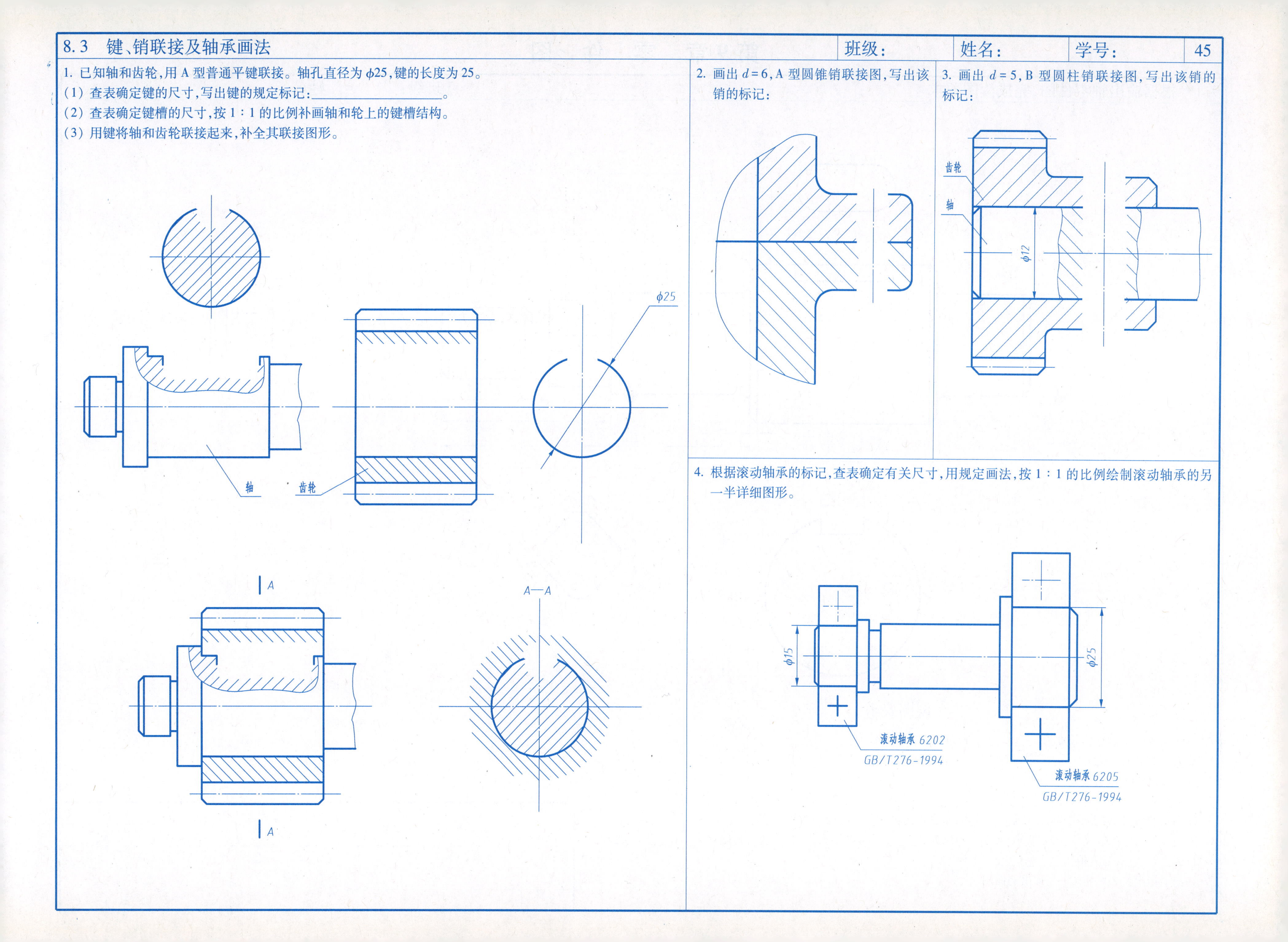

9.1 根据输出轴零件图，完成读图要求　　班级：　　姓名：　　学号：

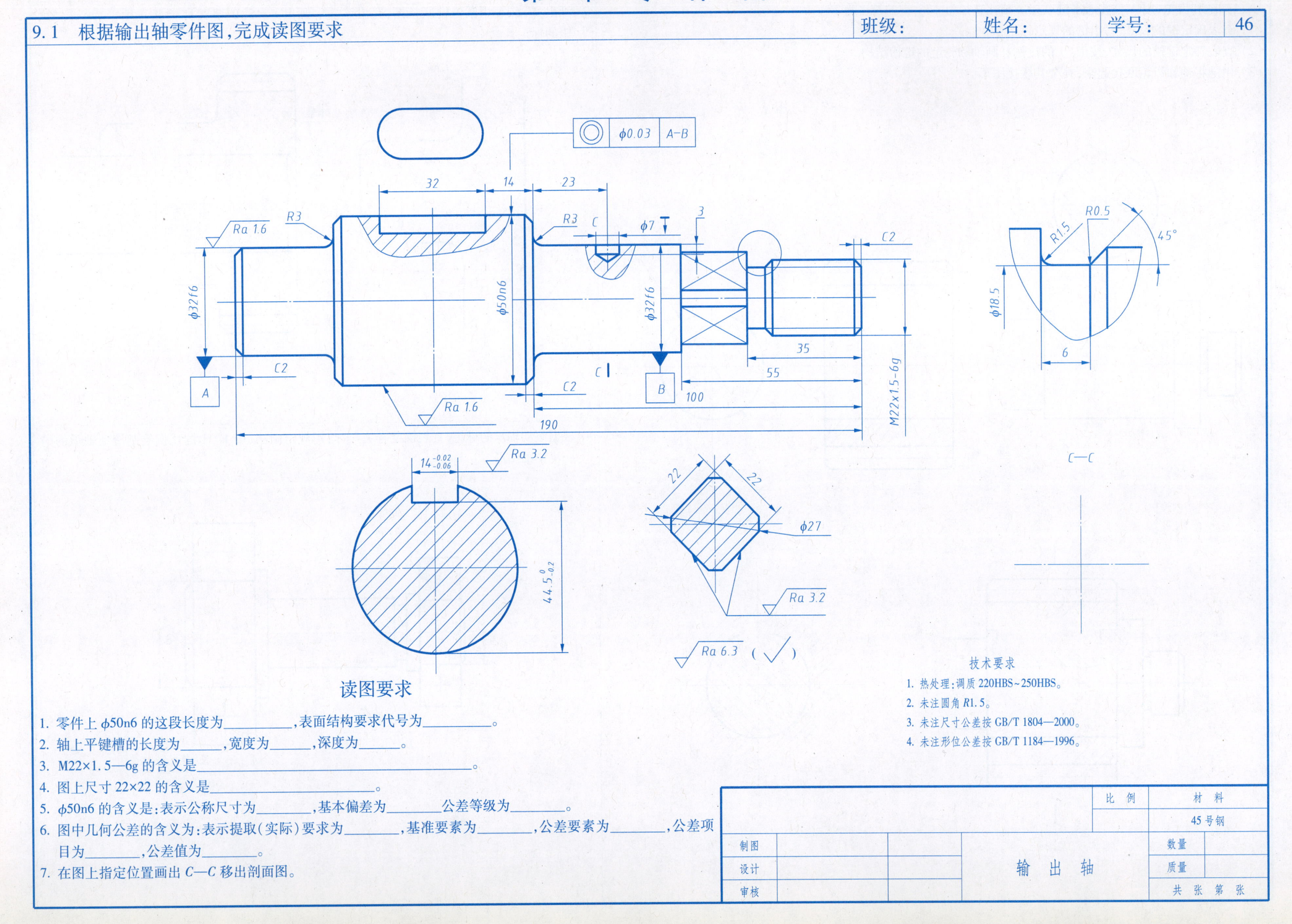

读图要求

1. 零件上 ϕ50n6 的这段长度为__________，表面结构要求代号为__________。
2. 轴上平键槽的长度为______，宽度为______，深度为______。
3. M22×1.5—6g 的含义是______________________________。
4. 图上尺寸 22×22 的含义是____________________。
5. ϕ50n6 的含义是：表示公称尺寸为________，基本偏差为________公差等级为________。
6. 图中几何公差的含义为：表示提取（实际）要求为________，基准要素为________，公差要素为________，公差项目为________，公差值为________。
7. 在图上指定位置画出 C—C 移出剖面图。

技术要求

1. 热处理：调质 220HBS~250HBS。
2. 未注圆角 R1.5。
3. 未注尺寸公差按 GB/T 1804—2000。
4. 未注形位公差按 GB/T 1184—1996。

输 出 轴	比 例	材 料
		45 号钢
制图	数量	
设计	质量	
审核	共 张 第 张	

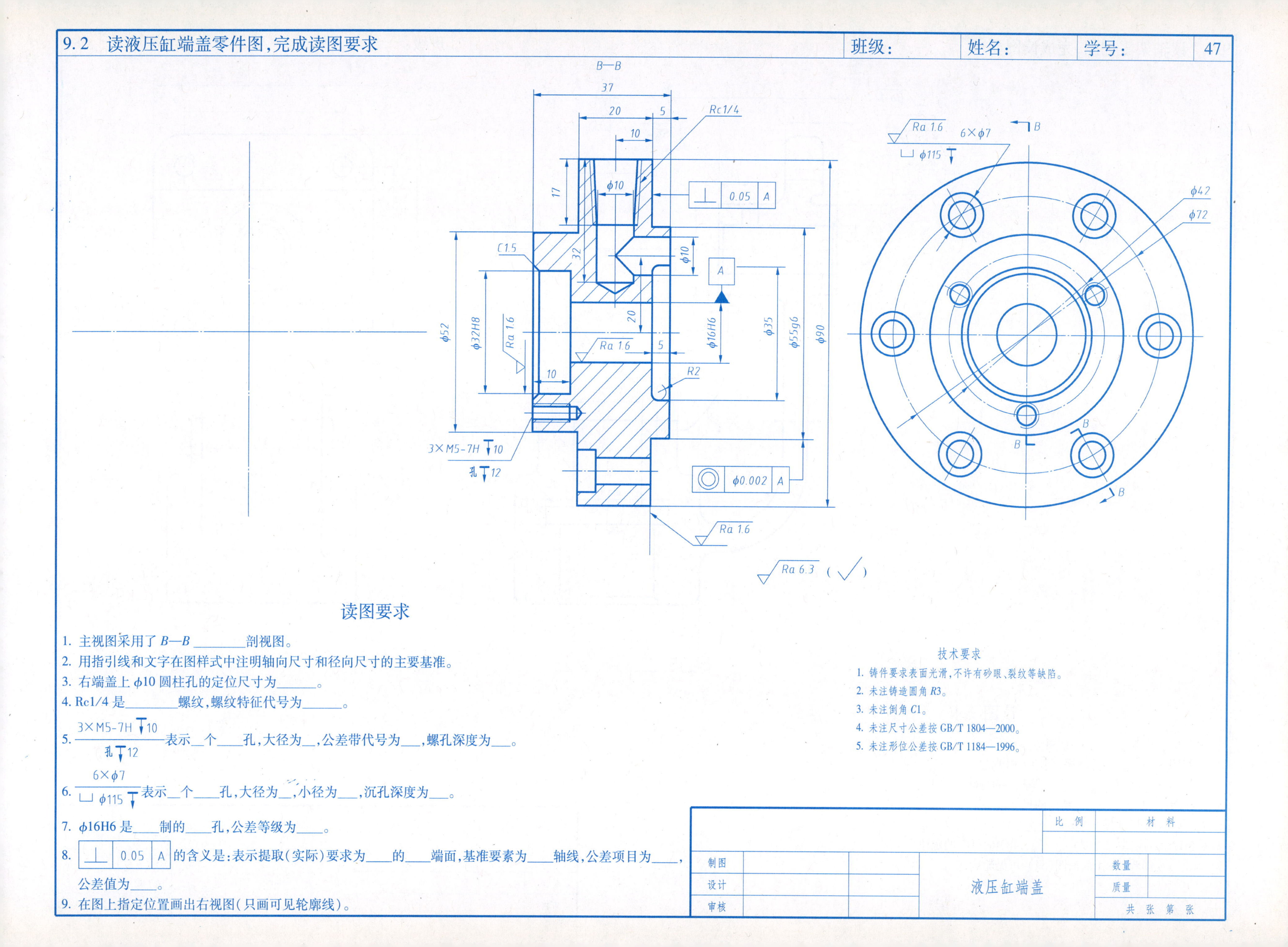

读图要求

1. 主视图采用了 *B*—*B* ________剖视图。
2. 用指引线和文字在图样式中注明轴向尺寸和径向尺寸的主要基准。
3. 右端盖上 ϕ10 圆柱孔的定位尺寸为______。
4. Rc1/4 是________螺纹,螺纹特征代号为______。
5. 3×M5-7H ↧10 / 孔↧12 表示__个____孔,大径为__,公差带代号为___,螺孔深度为___。
6. 6×ϕ7 / ⌴ ϕ115 ↧ 表示__个____孔,大径为__,小径为___,沉孔深度为___。
7. ϕ16H6 是____制的____孔,公差等级为____。
8. | ⊥ | 0.05 | A | 的含义是:表示提取(实际)要求为____的____端面,基准要素为____轴线,公差项目为____,公差值为____。
9. 在图上指定位置画出右视图(只画可见轮廓线)。

技术要求

1. 铸件要求表面光滑,不许有砂眼、裂纹等缺陷。
2. 未注铸造圆角 *R*3。
3. 未注倒角 *C*1。
4. 未注尺寸公差按 GB/T 1804—2000。
5. 未注形位公差按 GB/T 1184—1996。

			比例	材料
制图		液压缸端盖	数量	
设计			质量	
审核			共 张 第 张	

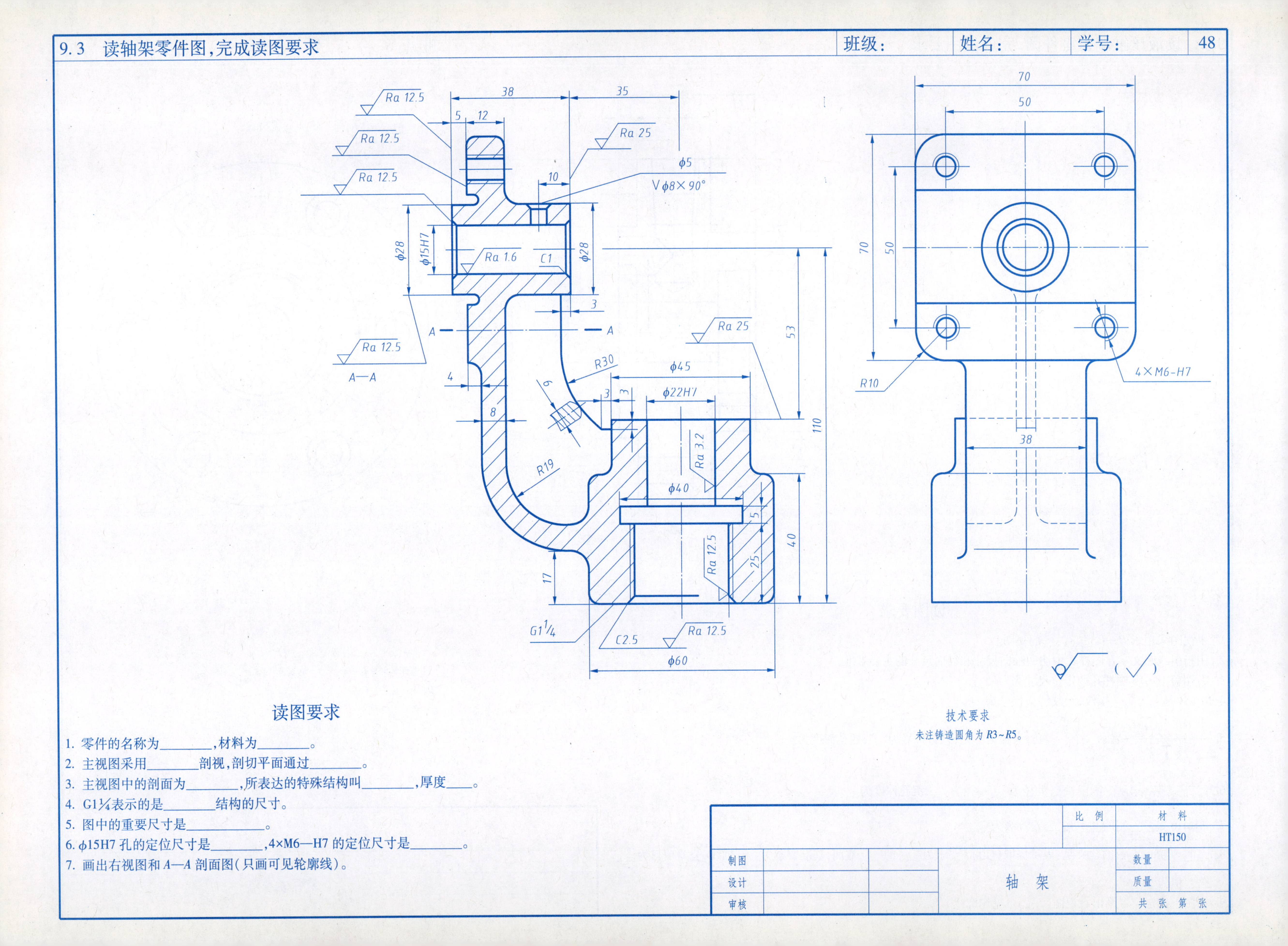

读图要求

1. 零件的名称为________，材料为________。
2. 主视图采用________剖视，剖切平面通过________。
3. 主视图中的剖面为________，所表达的特殊结构叫________，厚度____。
4. G1¼表示的是________结构的尺寸。
5. 图中的重要尺寸是____________。
6. ϕ15H7 孔的定位尺寸是________，4×M6—H7 的定位尺寸是________。
7. 画出右视图和 A—A 剖面图（只画可见轮廓线）。

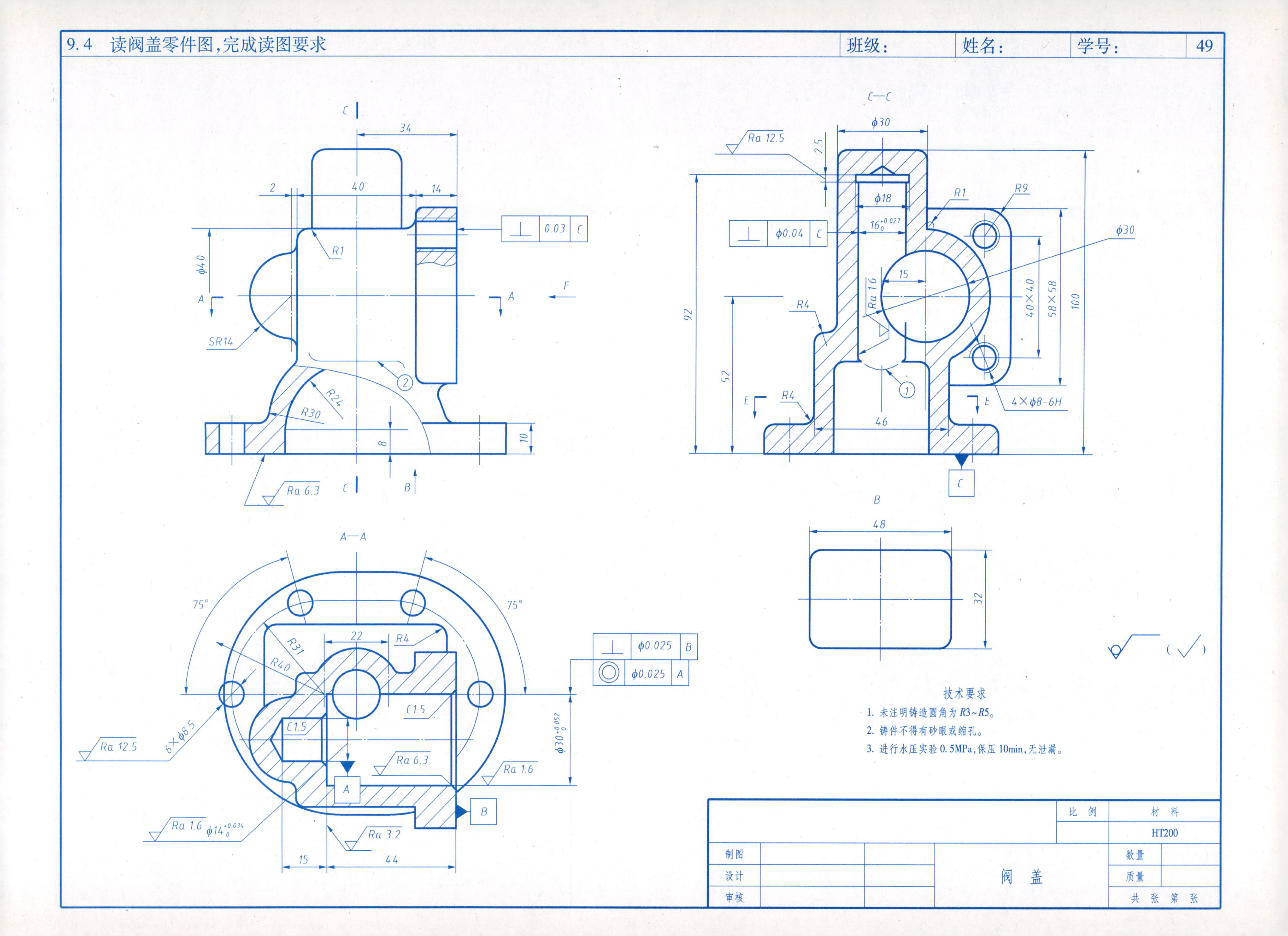
9.4 读阀盖零件图,完成读图要求
班级:
姓名:
学号:
49
C—C
A—A
B
Ra 12.5
Ra 6.3
Ra 1.6
Ra 3.2
SR14
R1
R24
R30
R9
R4
R31
R40
φ40
φ30
φ18
$16^{+0.027}_{0}$
φ0.04
0.03
φ0.025
$φ30^{+0.052}_{0}$
$φ14^{+0.034}_{0}$
6×φ8.5
4×φ8-6H
40×40
58×58
C1.5
75°
技术要求
1. 未注明铸造圆角为R3~R5。
2. 铸件不得有砂眼或缩孔。
3. 进行水压实验0.5MPa,保压10min,无泄漏。
比 例
材 料
HT200
制图
设计
审核
阀 盖
数量
质量
共 张 第 张

读图要求

1. 阀盖零件图采用了哪些表达方法，各视图表达重点是什么？
2. 用文字指出长、宽、高三个方向主要尺寸基准。
3. 说明下列尺寸含义：

SR14 ____________________。

58×58 ____________________。

4×M6—6H ____________________。

4. 在左视图中，下列尺寸属于哪种类型尺寸（定形、定位）。

92 ________ 100 ________

52 ________ $\phi30$ ________

46 ________ 15 ________

40×40 ________ 58×58 ________

5. $\phi30^{+0.052}_{0}$表示最大极限尺寸为________，最小极限尺寸为________孔，公差为________，查表改写成公差代号为________。
6. 阀盖零件加工面的表面结构要求为 $\sqrt{Ra\ 1.6}$ 的共有________处。
7. 图中①指的是________线，②指的是________线。
8. 解释图中几何公差的意义。

◎	$\phi0.025$	A
⊥	$\phi0.025$	B

9. 在右边空白处画出 *F* 向视图和 *E—E* 剖视图。

F

E—E

				比 例	材 料
制图			阀 盖	数量	
设计				质量	
审核				共 张 第 张	

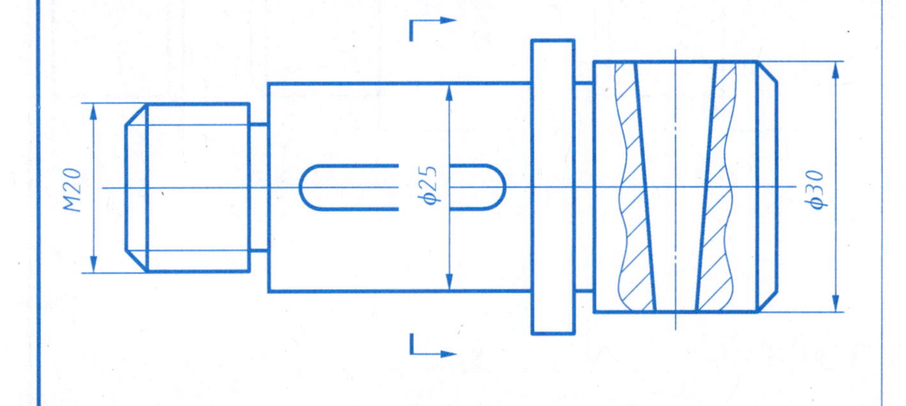

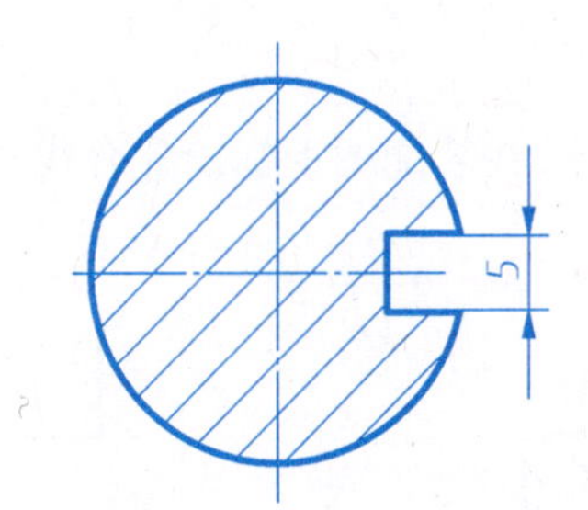

(1) ϕ25、ϕ30 圆柱面为 R 轮廓，算术平均偏差 1.6μm。
(2) M20 螺纹工作表面为 R 轮廓，算术平均偏差 3.2μm。
(3) 键槽两侧面为 R 轮廓，算术平均偏差 3.2μm；底面为 R 轮廓，算术平均偏差 6.3μm。
(4) 右侧锥销孔内表面为 R 轮廓，算术平均偏差 3.2μm。
(5) 其余表面为 R 轮廓，算术平均偏差 12.5μm。

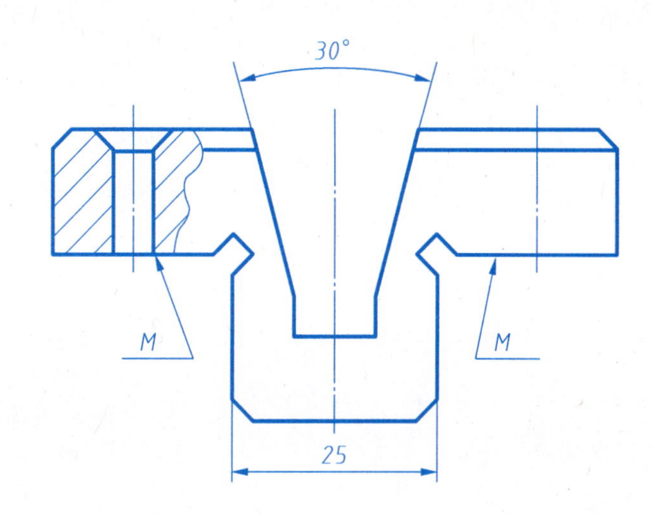

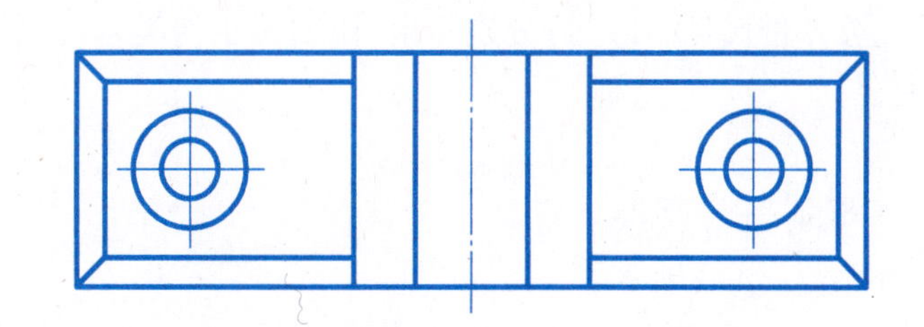

(1) 倾角成 ϕ30°的两平面为 R 轮廓，算术平均偏差 6.3μm。
(2) 顶面与宽度为 mm 的两侧面为 R 轮廓，算术平均偏差 1.6μm。
(3) 两 M 平面为 R 轮廓，算术平均偏差 3.2μm。
(4) 其余表面为 R 轮廓，算术平均偏差 25μm。

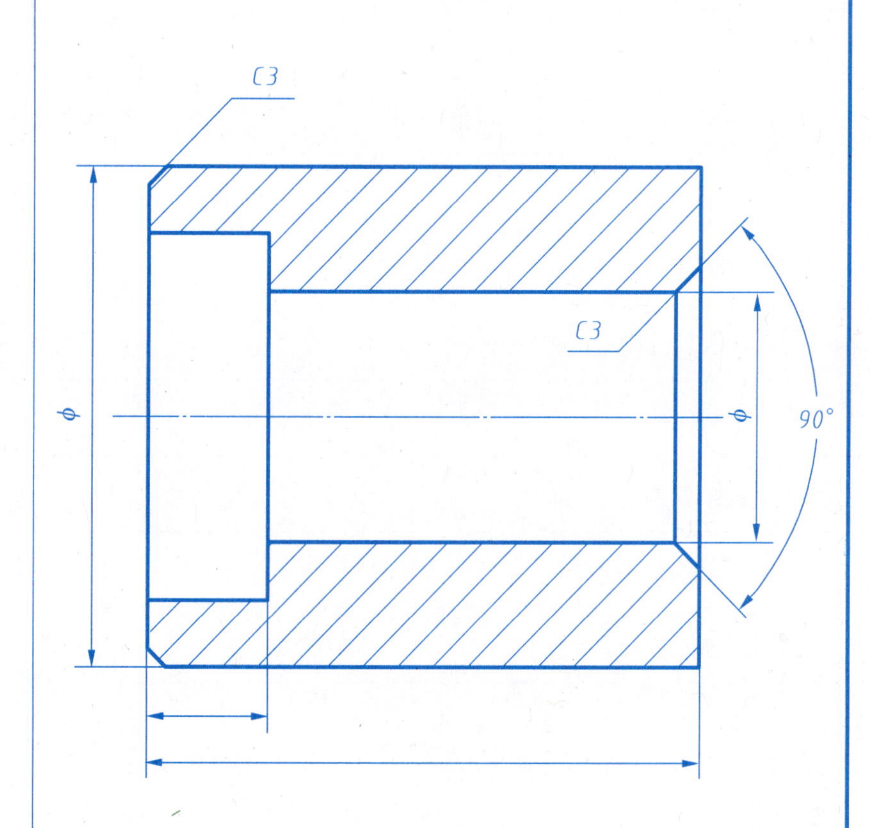

(1) 圆柱面为 R 轮廓，算术平均偏差 1.6μm。
(2) 倒角、锥面为 R 轮廓，算术平均偏差 6.3μm。
(3) 其余表面为 R 轮廓，算术平均偏差 3.2μm。

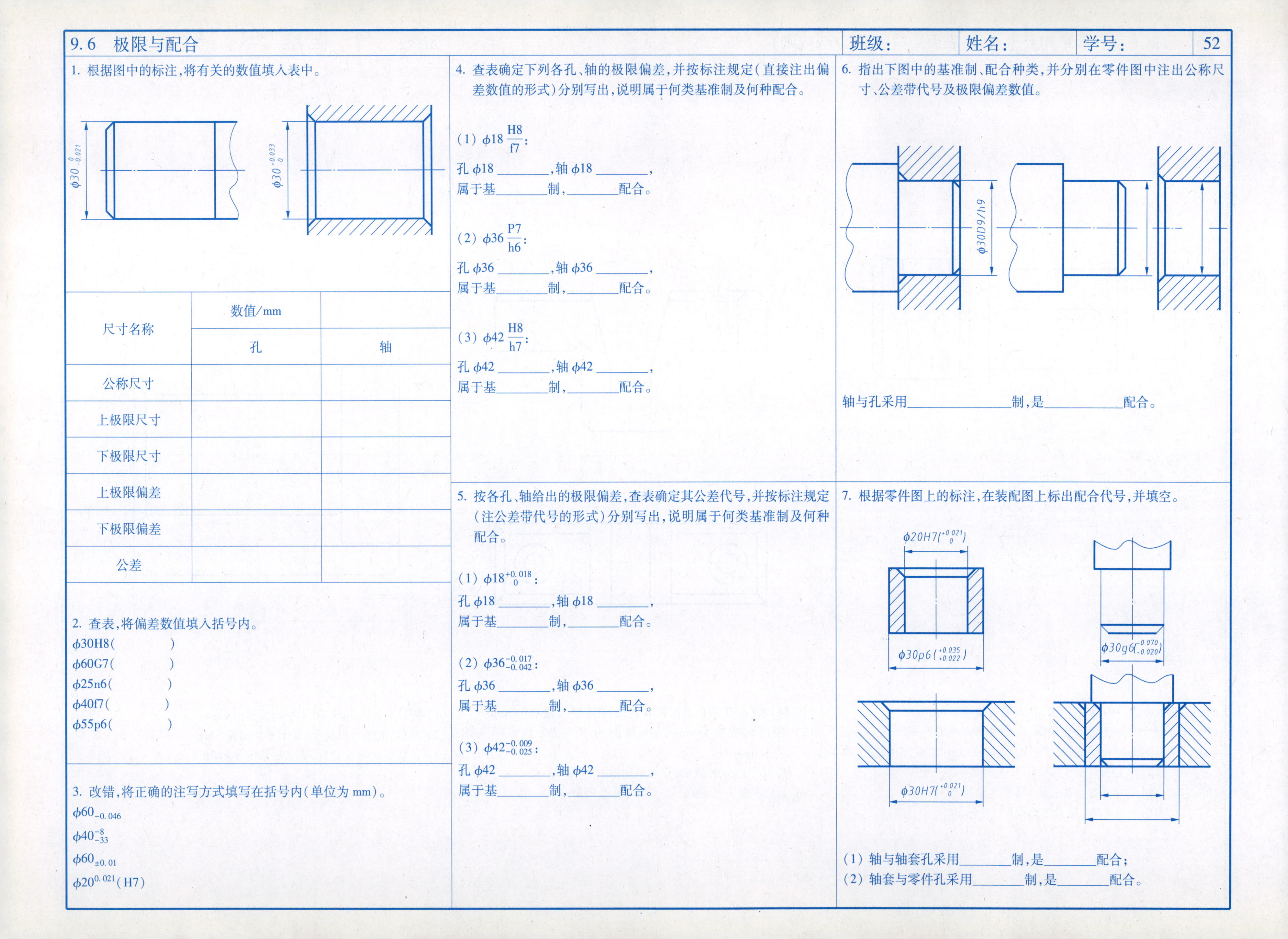

1. 根据图中的标注，将有关的数值填入表中。

尺寸名称	数值/mm	
	孔	轴
公称尺寸		
上极限尺寸		
下极限尺寸		
上极限偏差		
下极限偏差		
公差		

2. 查表，将偏差数值填入括号内。

ϕ30H8(　　　　)
ϕ60G7(　　　　)
ϕ25n6(　　　　)
ϕ40f7(　　　　)
ϕ55p6(　　　　)

3. 改错，将正确的注写方式填写在括号内(单位为 mm)。

$\phi60_{-0.046}$
$\phi40_{-33}^{-8}$
$\phi60_{\pm0.01}$
$\phi20^{0.021}$(H7)

4. 查表确定下列各孔、轴的极限偏差，并按标注规定(直接注出偏差数值的形式)分别写出，说明属于何类基准制及何种配合。

(1) $\phi18\dfrac{H8}{f7}$：

孔 ϕ18 ________，轴 ϕ18 ________，
属于基________制，________配合。

(2) $\phi36\dfrac{P7}{h6}$：

孔 ϕ36 ________，轴 ϕ36 ________，
属于基________制，________配合。

(3) $\phi42\dfrac{H8}{h7}$：

孔 ϕ42 ________，轴 ϕ42 ________，
属于基________制，________配合。

5. 按各孔、轴给出的极限偏差，查表确定其公差代号，并按标注规定(注公差带代号的形式)分别写出，说明属于何类基准制及何种配合。

(1) $\phi18_{\ 0}^{+0.018}$：

孔 ϕ18 ________，轴 ϕ18 ________，
属于基________制，________配合。

(2) $\phi36_{-0.042}^{-0.017}$：

孔 ϕ36 ________，轴 ϕ36 ________，
属于基________制，________配合。

(3) $\phi42_{-0.025}^{-0.009}$：

孔 ϕ42 ________，轴 ϕ42 ________，
属于基________制，________配合。

6. 指出下图中的基准制、配合种类，并分别在零件图中注出公称尺寸、公差带代号及极限偏差数值。

轴与孔采用____________制，是__________配合。

7. 根据零件图上的标注，在装配图上标出配合代号，并填空。

(1) 轴与轴套孔采用________制，是________配合；
(2) 轴套与零件孔采用________制，是________配合。

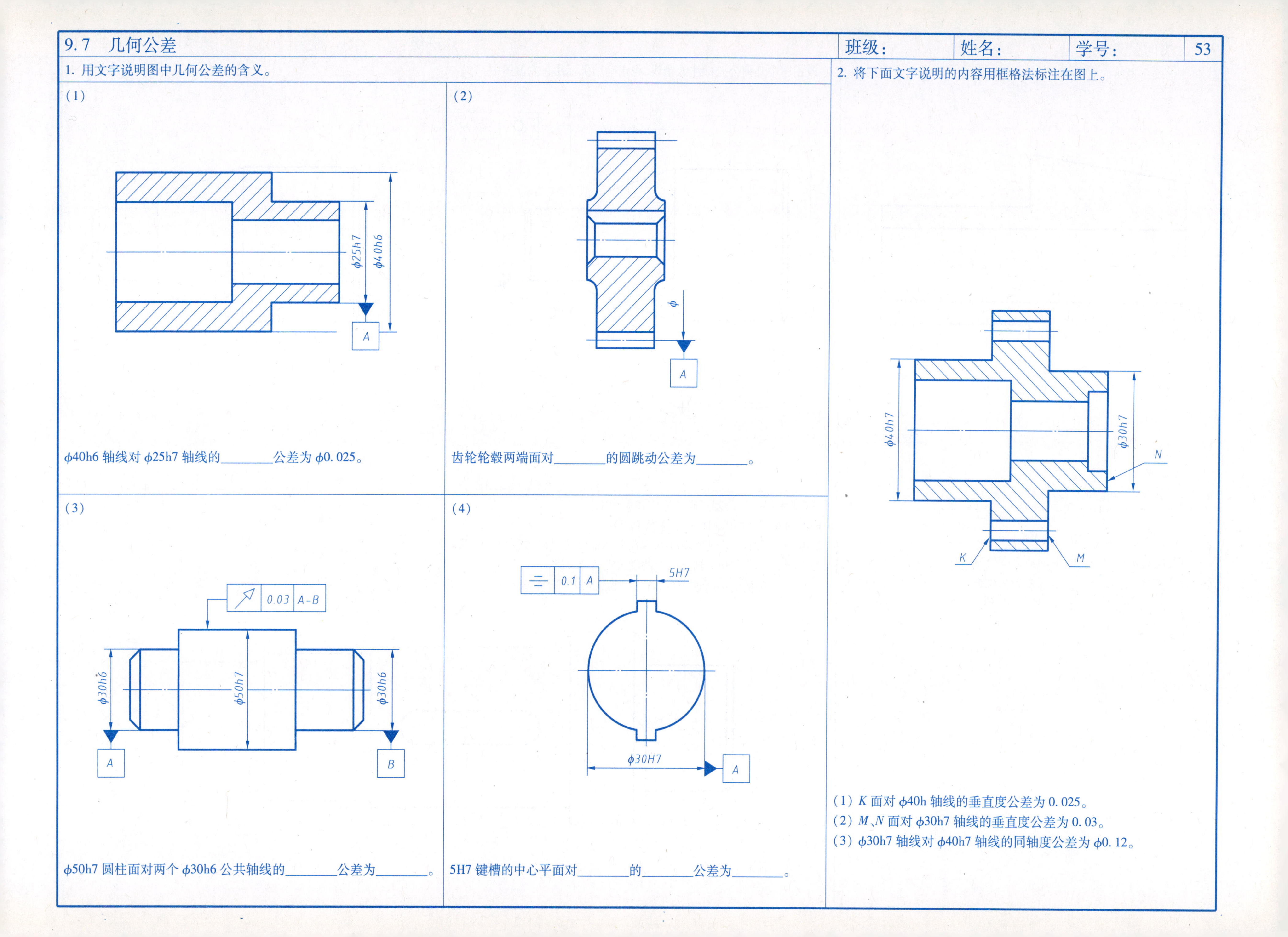

1. 用文字说明图中几何公差的含义。
(1)
φ25h7
φ40h6
A
φ40h6 轴线对 φ25h7 轴线的________公差为 φ0.025。
(2)
φ
A
齿轮轮毂两端面对________的圆跳动公差为________。
(3)
0.03
A-B
φ30h6
φ50h7
φ30h6
A
B
φ50h7 圆柱面对两个 φ30h6 公共轴线的________公差为________。
(4)
0.1
A
5H7
φ30H7
A
5H7 键槽的中心平面对________的________公差为________。
2. 将下面文字说明的内容用框格法标注在图上。
φ40h7
φ30h7
N
K
M
(1) K 面对 φ40h 轴线的垂直度公差为 0.025。
(2) M、N 面对 φ30h7 轴线的垂直度公差为 0.03。
(3) φ30h7 轴线对 φ40h7 轴线的同轴度公差为 φ0.12。

3. 将下面文字说明的内容用框格法标注在图上。

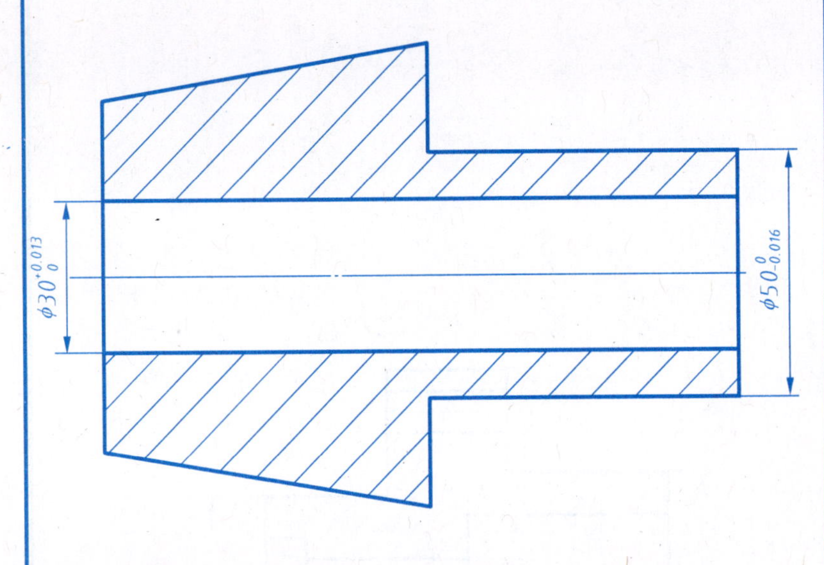

(1)圆锥面的圆度公差为0.008。
(2)圆锥素线的直线度公差为0.01。
(3)圆锥面对 $\phi30^{+0.013}_{0}$ 孔轴线的圆跳动公差为0.02。
(4) $\phi30^{+0.013}_{0}$ 孔圆柱度公差为0.006。
(5)左端面对 $\phi30^{+0.013}_{0}$ 孔轴线的垂直度公差为0.03。
(6)右端面对左端面的平行度公差为0.025。
(7) $\phi50^{0}_{-0.016}$ 轴的轴线对 $\phi30^{+0.013}_{0}$ 孔的轴线的同轴度公差为0.02。
(8)左端面平面度公差为0.012。

4. 改正图中几何公差标注的错误，将正确结果标注在右侧图中。

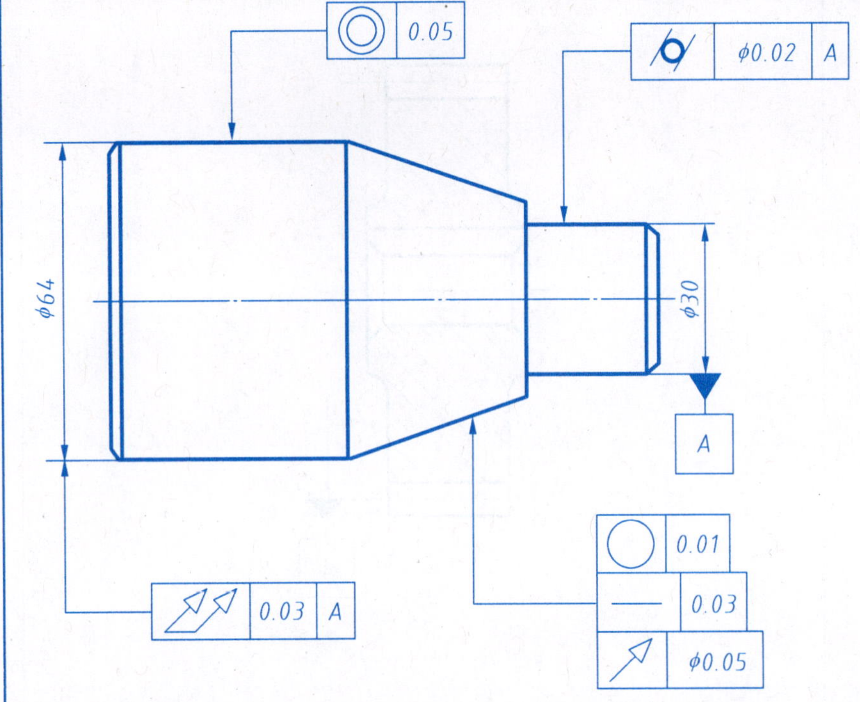

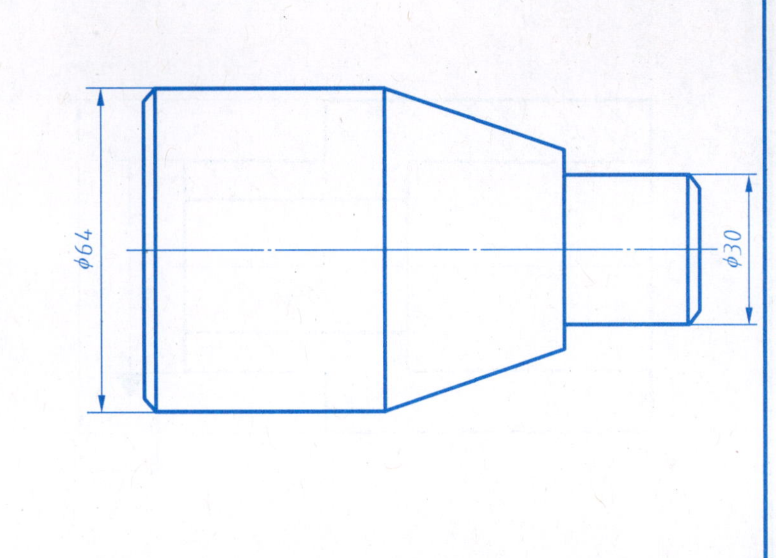

5. 按要求将几何公差正确地标注在图形上。
(1) ϕ40k6 圆柱面的圆柱度公差为0.007。
(2) ϕ50k7 圆柱面对两个 ϕ40k6 圆柱公共轴线的圆跳动公差为0.02。
(3) ϕ60 右肩对 ϕ50k7 轴线的全跳动公差为0.025。
(4) $14^{+0.043}_{0}$ 键槽的中心平面对 ϕ50k7 轴线的对称度公差为0.03。

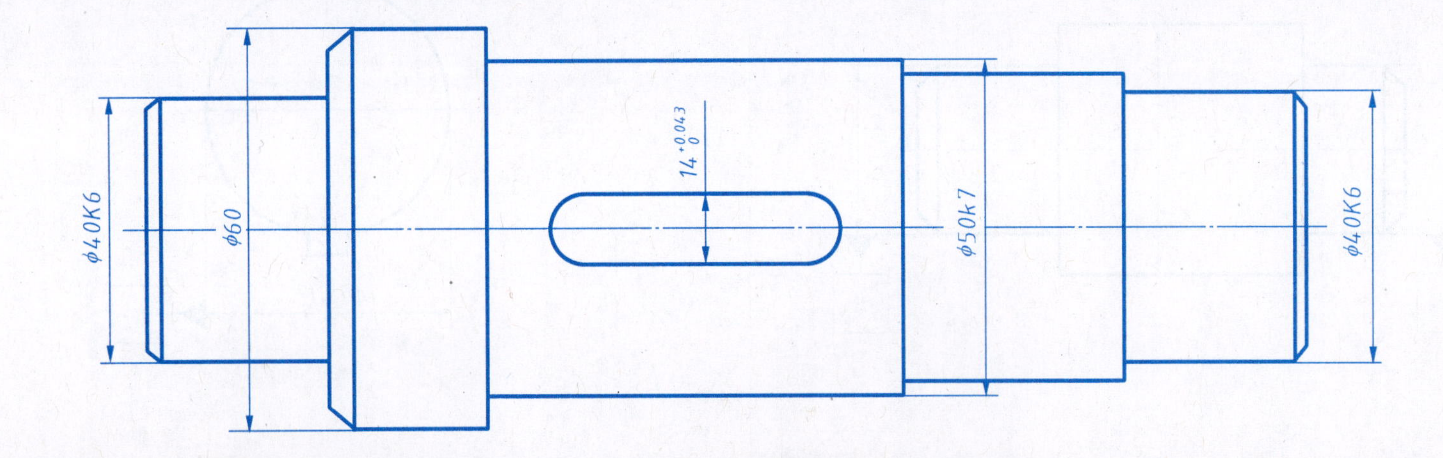

10.1 根据滑动轴承零件图,拼画装配图

班级: 姓名: 学号:

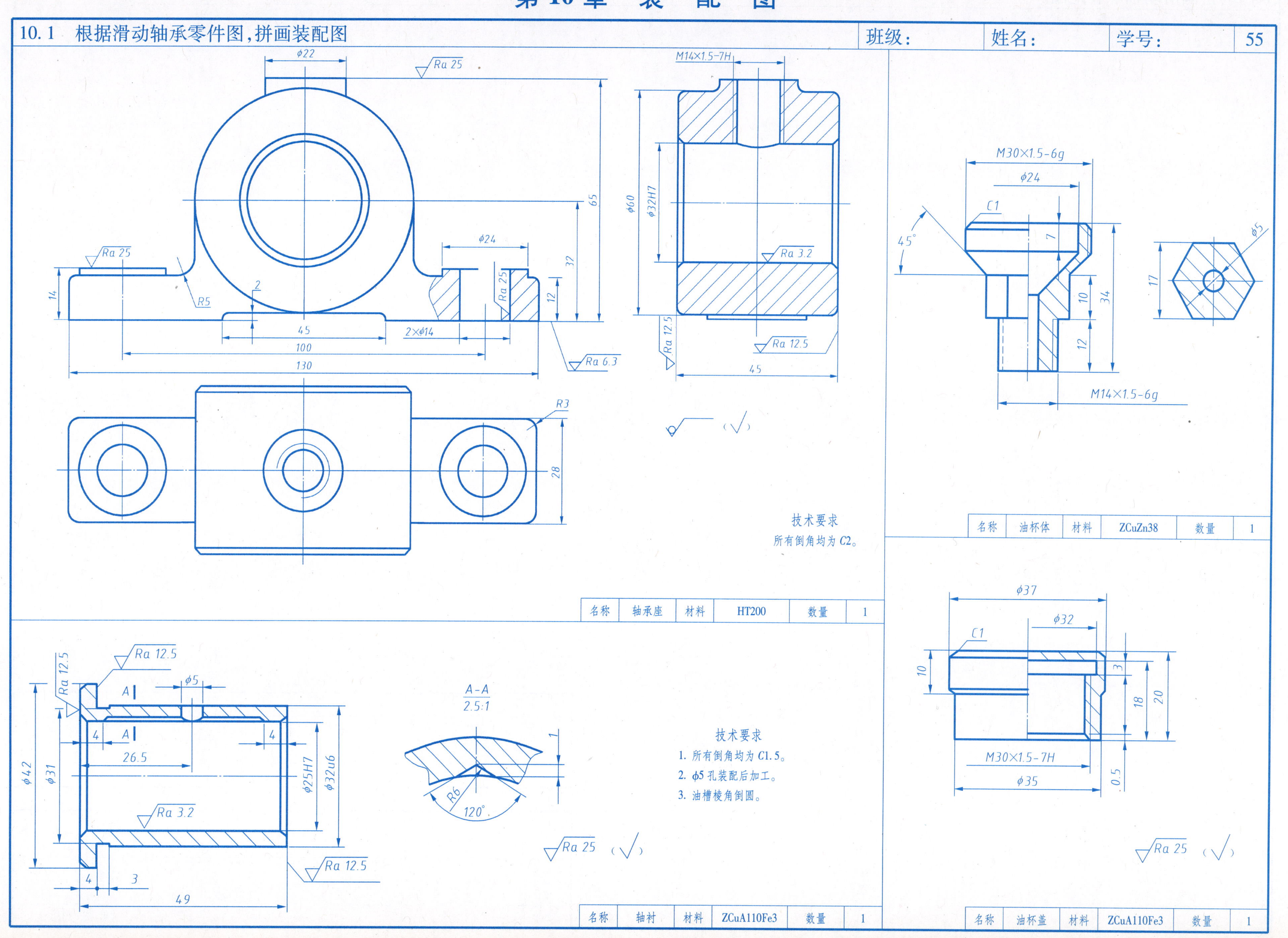

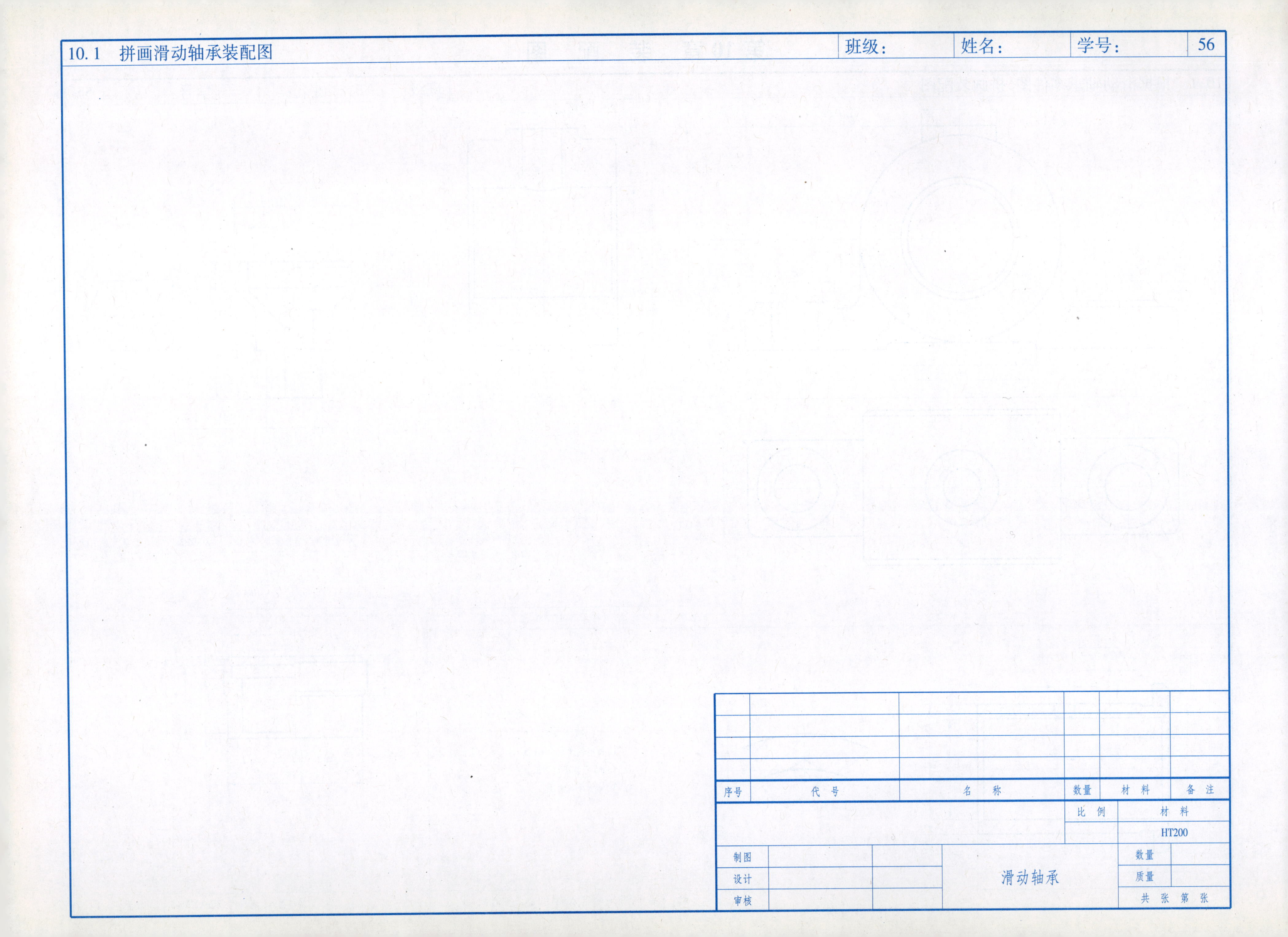

序号	代 号	名 称	数量	材 料	备 注

			比 例	材 料	
				HT200	
制图			滑动轴承	数量	
设计				质量	
审核				共 张 第 张	

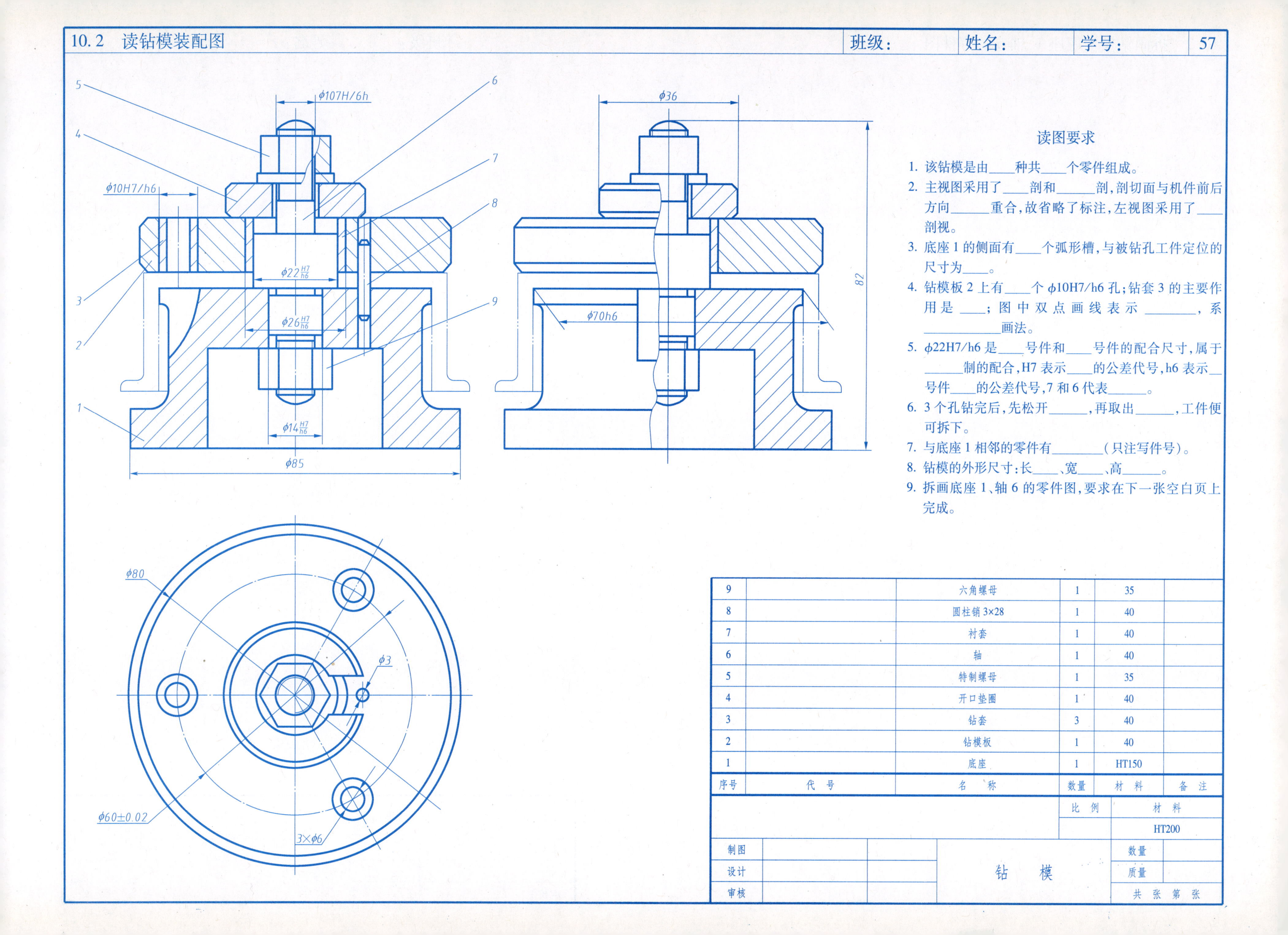

读图要求

1. 该钻模是由____种共____个零件组成。
2. 主视图采用了____剖和______剖，剖切面与机件前后方向______重合，故省略了标注，左视图采用了____剖视。
3. 底座 1 的侧面有____个弧形槽，与被钻孔工件定位的尺寸为____。
4. 钻模板 2 上有____个 φ10H7/h6 孔；钻套 3 的主要作用是 ____；图中双点画线表示 _______，系 ___________画法。
5. φ22H7/h6 是____号件和____号件的配合尺寸，属于______制的配合，H7 表示____的公差代号，h6 表示__号件____的公差代号，7 和 6 代表______。
6. 3 个孔钻完后，先松开______，再取出______，工件便可拆下。
7. 与底座 1 相邻的零件有_______（只注写件号）。
8. 钻模的外形尺寸：长____、宽____、高______。
9. 拆画底座 1、轴 6 的零件图，要求在下一张空白页上完成。

序号	代号	名称	数量	材料	备注
9		六角螺母	1	35	
8		圆柱销 3×28	1	40	
7		衬套	1	40	
6		轴	1	40	
5		特制螺母	1	35	
4		开口垫圈	1	40	
3		钻套	3	40	
2		钻模板	1	40	
1		底座	1	HT150	

		钻模	比例	材料
制图				HT200
设计			数量	
审核			质量	
			共 张 第 张	

				比 例	材 料
					HT200
制图				数量	
设计				质量	
审核				共 张 第 张	

画出下列各平面及曲面薄壁立体件的展开图	班级：	姓名：	学号：	59

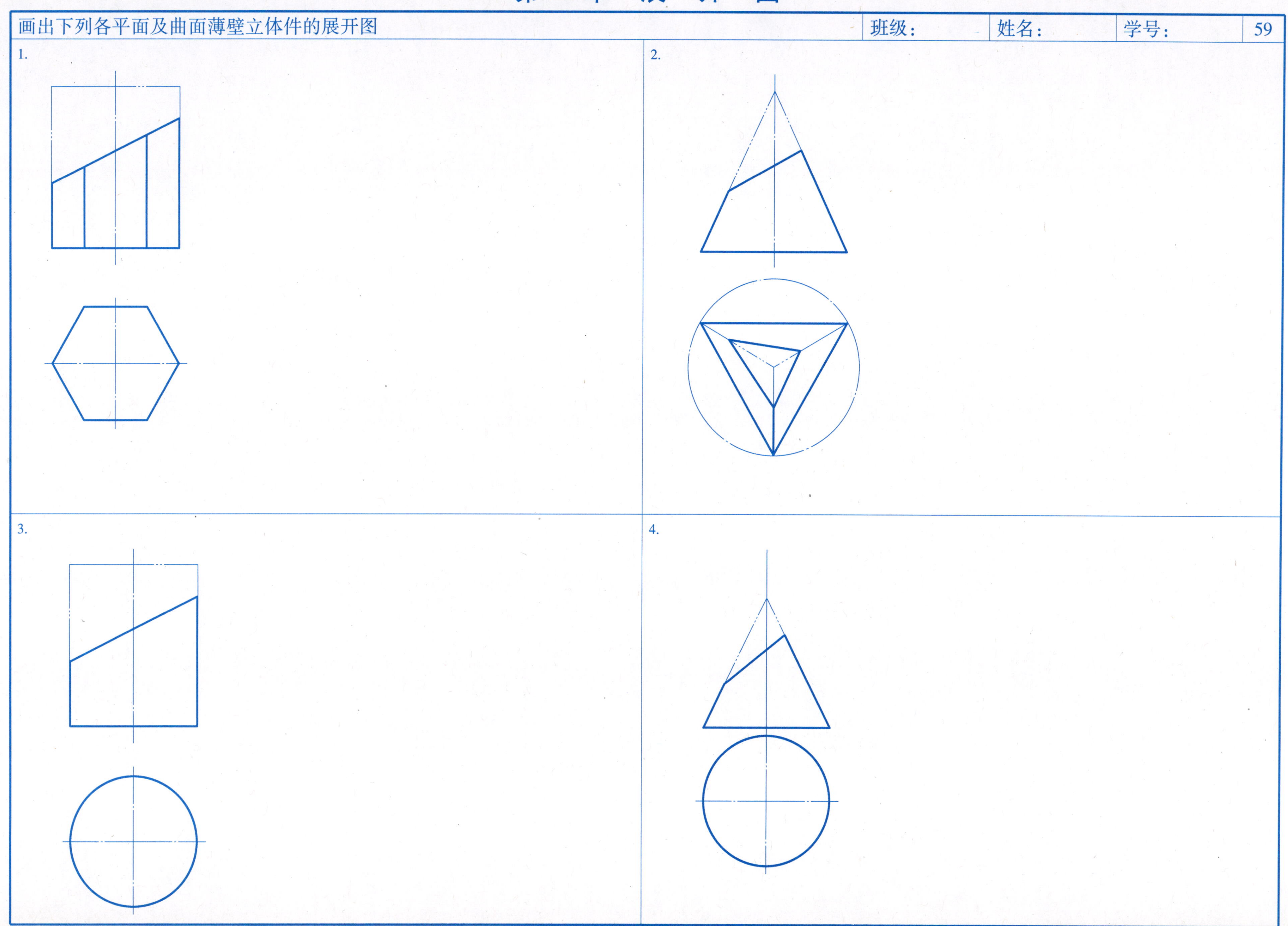